빛깔있는 책들 201-8

궁중음식과 서울음식

글, 사진/한복려

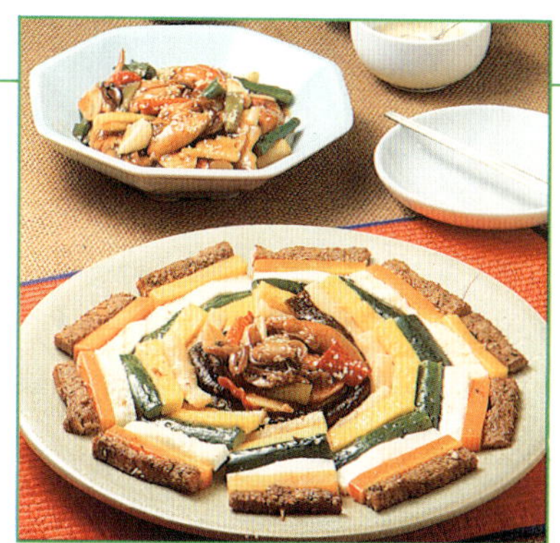

대원사

한복려 ────────────

서울시립대학 원예학과, 고려대학
자연자원 대학원에서 식품공학을
전공했으며 중요무형문화재 38 호
조선왕조 궁중음식 기능보유자 후
보이다. 현재 궁중음식점「지화자」
를 경영하고 있다. 저서로는『떡
과 과자』『한국 음식』등이 있다.

궁중음식과 서울음식

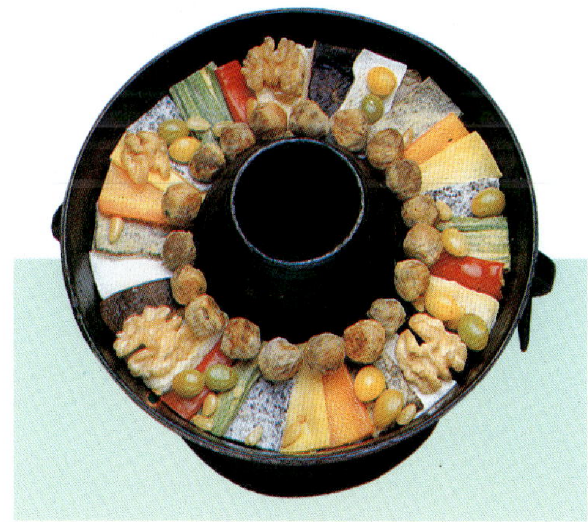

궁중음식과 서울음식

궁중음식과 서울음식

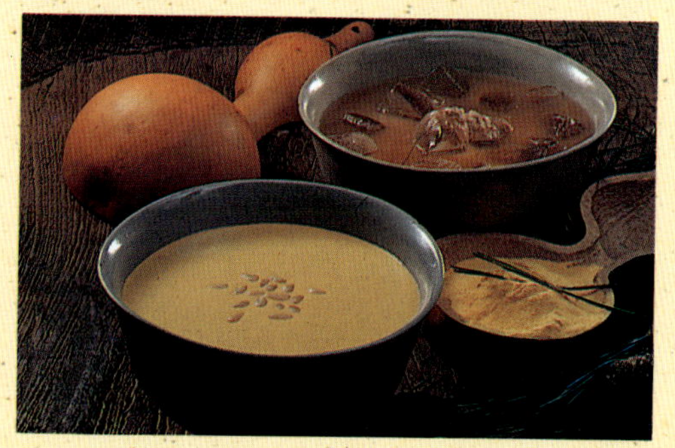

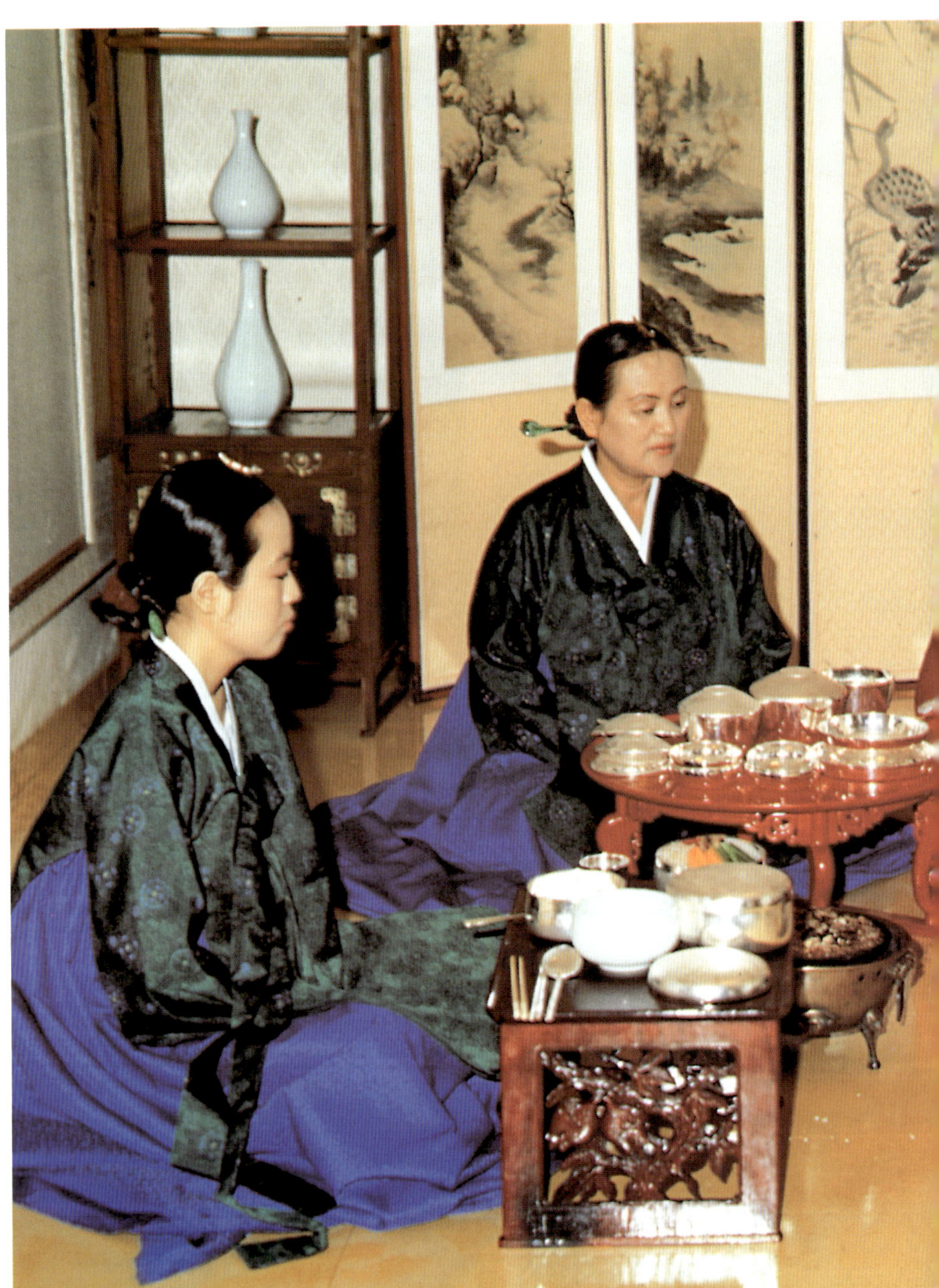

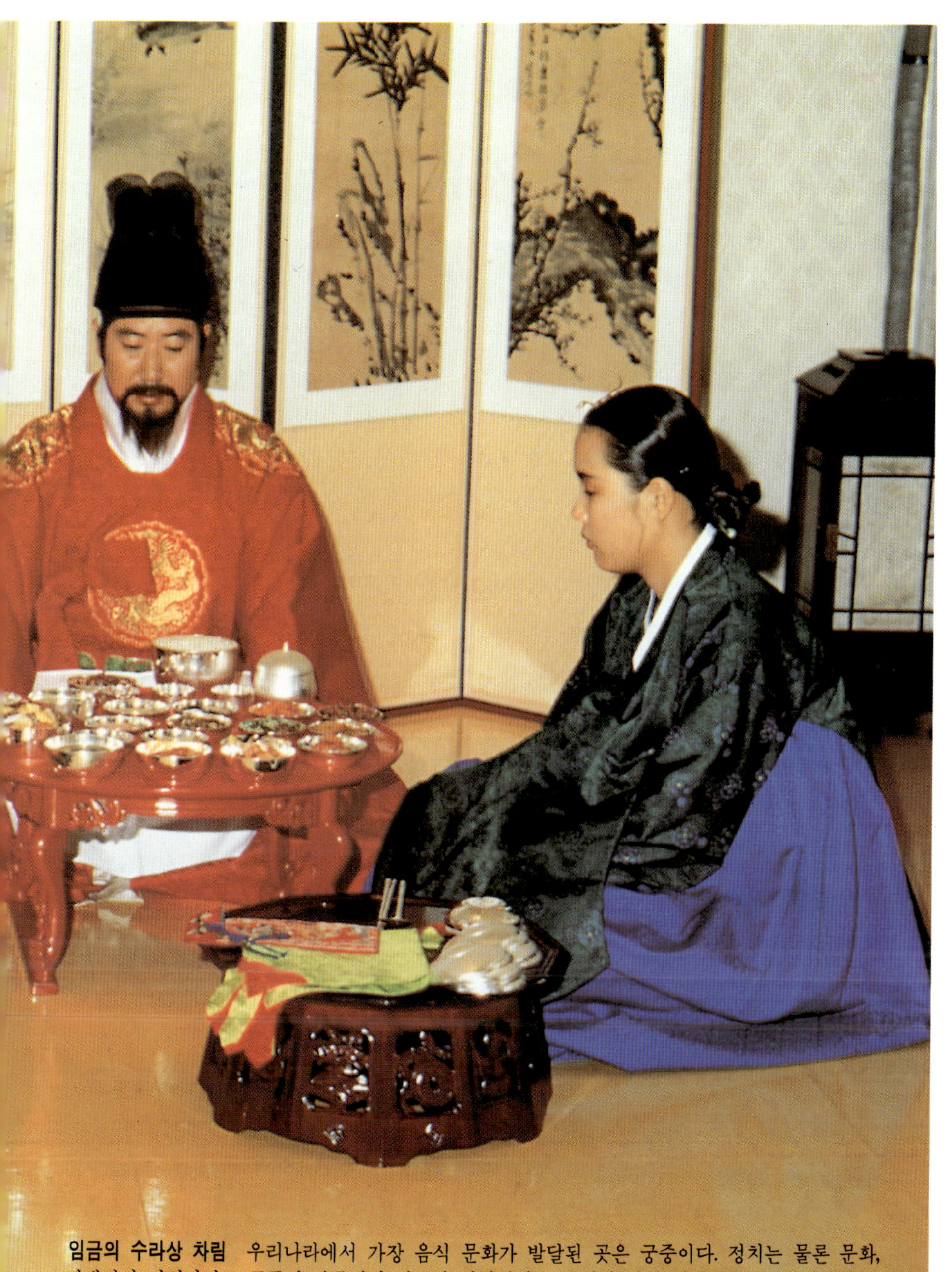

임금의 수라상 차림 우리나라에서 가장 음식 문화가 발달된 곳은 궁중이다. 정치는 물론 문화, 경제적인 권력까지도 궁중에 집중되어 있으니 식생활이 궁중에서 가장 발달한 것은 당연하다.

궁중 음식과 서울 반가 음식

인구가 증가하는 것은 그 민족의 힘을 키우는 것이요 또 먹거리를 얻는 데 큰 노력을 하는 것은 그 민족을 키우는 밑바탕이 된다. 좋은 먹거리가 사람을 살찌게 하고 훌륭한 문화를 펼치게 하는 것이다.

지금 우리는 서양 문물과 고유 전통의 혼돈 속에서 살고 있다. 불과 1세기 전만 해도 한양의 궁(宮)에서는 왕정이 행해졌고 이에 합당한 전통적인 음식법이 전해지고 있었다. 그런데 교통과 통신의 발달로 세계적인 교류가 활발해짐에 따라 음식 역시 큰 변화를 겪게 되었다.

우리나라 음식 문화에 서울이 큰 역할을 하였음은 굳이 말하여 강조할 필요가 없는 사실이다. 지금의 서울인 한양이 조선 왕조의 도읍이었으니 모든 물자가 이곳에 모이고 모든 문화가 이곳에서 다듬어진 것은 두말할 나위가 없다.

왕조 시대는 같은 민족이라고 해도 계급으로 구분되어 왕족은 넓은 궁전에서 호화롭게 살고 있는가 하면 가장 아래 계급인 천민은

소, 돼지 잡는 일을 하면서 같은 서울에 살고 있었다. 그 천민이 잡은 고기를 궁중에서 맛있게 먹고 실상 그 먹거리를 제공하는 사람은 멸시를 받았으니 계급 사회의 모순을 보여 주는 단적인 예이다.

음식 문화를 보면 인간이 양생하고 공양하고 생활하면서 갖가지 문화 행동을 누리는 것은 당연하게 여겨진다. 끼니를 먹는 것은 임금이나 백성이 다 마찬가지로 누려야 할 문화 행동이지만 그 먹거리를 장만하는 장본인인 백성은 흡족히 먹지 못하고 좋은 것은 권력 있고 돈 많은 서울 사람들이 먹게 되니 지금과 비교하여 별반 다를 게 없다. 궁중과 사대부가는 마음대로 사들여 좋은 음식을 만들어 먹을 수 있었으니 맛있는 음식이 여유 있는 사람들에 의해서 만들어짐은 부정할 수 없다.

서울 여인네는 옷을 곱게 차려 입고 출타하는데 그가 들어가는 집은 일각 대문에 머리를 숙이고 들어갈 뿐더러 콩나물죽을 먹는지 나물밥을 먹는지 알 길이 없다는 옛말이 있다. 곧 겉치레를 우선으로 한다는 것이다. 또 서울 사람은 남의 집에 갈 때 밥때를 피해 가야지 때에 맞추어 가면 면구스럽게 된다는 이야기도 있다. 체면상 '밥을 자셨소' 하고 물었는데 안 먹었다는 대답이 나오면 개다리소반에 3첩 반상이라도 차려야 하니 아예 물어 보지도 않는다고 한다. 인심이 이 정도면 살기 힘든 곳이니 서울 사람을 깍쟁이라고 하는 것이 허튼 말도 아니다. 시골에서는 밥을 먹었다 해도 굳이 수저를 쥐어 주며 먹으라 했었는데 말이다.

서울은 모든 것이 사대문 안으로 들어와서 돈만 있으면 얼마든지 모든 것을 살 수 있으니 음식도 사치스러울 수밖에 없는 곳이었다. 옛 책을 보면 수없이 많은 음식법이 수록되어 있으며 가정 음식 외에 음식점에서도 맛을 즐길 수 있었다. 또 궁 밖에는 외국의 사

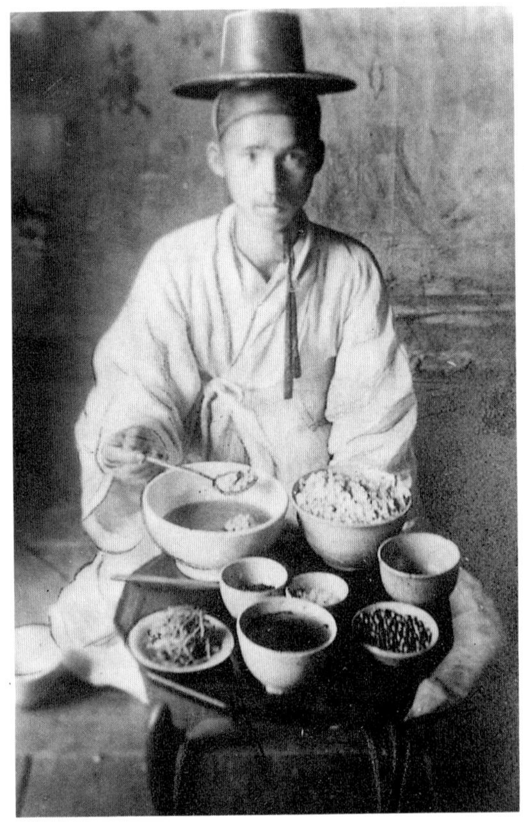

신들을 재우고 대접하는 영빈관도 여러 곳 있었다고 한다.

우리나라에서 가장 음식 문화가 발달된 곳은 궁중이다. 정치는 물론 문화, 경제적인 권력까지도 궁중에 집중되어 있으니 식생활이 궁중에서 가장 발달한 것은 당연하다. 현재의 궁중 음식은 조선시대에 정립되었지만 궁중은 삼국시대, 고려시대에도 있었으니 그 전통은 면면히 이어져 왔다고 볼 수 있다.

궁중이 제일 좋은 음식을 만든다는 것은 다 이유가 있다. 궁중 음식은 전국에서 진상된 명산물과 열세 살에 입궐하여 수십 년 조리하는 일만을 한 솜씨 좋은 주방 상궁에 의해 만들어지고 다듬어진 음식이다. 『공선정례(貢膳定例)』라는 옛 기록을 보면 좋은 진상품으로 제주도에서는 전복을 말려서 오고 밀감은 여러 차례 나누어 배로 운송되었음을 알 수 있다. 좋은 먹거리를 전문 조리사가 좋은 은 그릇, 자기 그릇에 담고 좋은 칠한 상에 차려 내니 궁중 음식에서 우리의 음식 문화는 훌륭히 다듬어졌다고 볼 수 있다. 그 기록은 궁중의 잔치 기록인 『진찬의궤(進饌儀軌)』라는 연회 기록에 수록되어 있다.

역사적으로는 고려 말에서 조선조 성종까지를 기록한 『경국대전』과 궁중 의례를 상세히 기록한 『진찬의궤』 『진연의궤』 『궁중음식발기』 『왕조실록』 등의 문헌을 통하여 의례의 구성, 기명, 조리 기구, 상차림 구성, 음식 이름, 재료 등을 상세히 알 수 있다.

왕권 사회는 엄격한 계급 사회라 왕, 왕족, 사대부라 할 수 있는 문무백관, 벼슬하지 못한 양반, 중인, 천민이 있어 식생활에서도 차가 많이 났다. 그러나 궁중과 귀족 계급 사이에는 문화적인 교류가 많았는데 그 이유는 혼인 제도 때문이다. 우리는 혈족 결혼을 엄격히 금지하였으므로 왕가도 반드시 본관이 다른 성을 가진 사람과 결혼을 해야 하니 왕비는 사대부의 딸을 맞이하고 공주는 사대부 집으로 출가를 하였다. 이러한 혼인 제도에 의해 궁중과 민간의 문화 교류는 원만하였다.

북촌의 사대부 집들은 대대로 높은 벼슬을 하면서 살았는데 궁중과 혼인이라도 하게 되면 더한 영예를 누리게 되어 음식 사치도 더하게 되었다. 궁중과 혼인을 맺게 되면 혼례 제도에 의해 궁에서

는 하사품을 음식으로 내리고 사대부 집에서는 궁에 진상을 하게
되니 서로 음식 교류가 이루어짐은 당연하다. 또 궁중에 잔치가 있
고 나면 그때 괴었던 음식들은 가자(架子)에 실려 대궐문 밖의 민
가에 하사되고 사대부가인 왕비, 세자빈의 본곁에서는 잔치에 맞추
어 맛있는 음식을 진상하였다. 특히 의례 음식에 있어서 궁중과 민
간은 규모의 차는 있어도 거의 같게 나타났으며 궁중 잔치에서 가
장 잘 전달되었다.

또한 왕비가 해산을 하면 미역국을 여러 동이 진상한 기록도 있
다. 궁중과 반가에서 미역국을 끓이는 방식이 마찬가지인 것은 이
러한 기록에서 알 수 있다.

궁중과 서울 양반가의 음식은 서로 닮아 있다. 다만 차가 있다면
같은 음식도 이름을 달리한다는 점이다. 궁에서 신선로라고 하는
것을 열구자탕이라 하고 궁중의 전골틀을 반가에서는 벙거지꼴이
라 한다. 밥은 수라, 국은 탕, 찌개는 조치, 조림은 조리개, 장아찌는
장과, 깍두기는 송송이라고 하는 등 부르는 음식명이 다르다. 그리
고 음식 차리는 법은 같은 방식이라도 궁중은 12첩 반상 곧 수라상
(水刺床)을 원반에 9첩, 곁반에 3첩으로 차린다. 또 전골상을 덧붙
인다. 벼슬이 높은 사대부가에서는 9첩까지만 차리지만 전골상은
마찬가지로 차린다. 그 밑의 반가에서는 7첩 반상이 보통이다. 같은
백성이라도 신분이나 재력에 따라 음식의 범위가 달라지는 것을
볼 수 있다.

우리의 식사 습관은 밥은 집에서 먹도록 되어 있으며 남의 집에
서 먹거나 외식은 하지 않는 것을 원칙으로 한다. 쌀을 주식으로
하는 것이 원칙이라 죽에는 죽찬, 밥에는 반찬, 술에는 안주를 곁들
여 격식에 맞게 차리는 것이지 아무 것이나 놓지 않는다. 원칙은

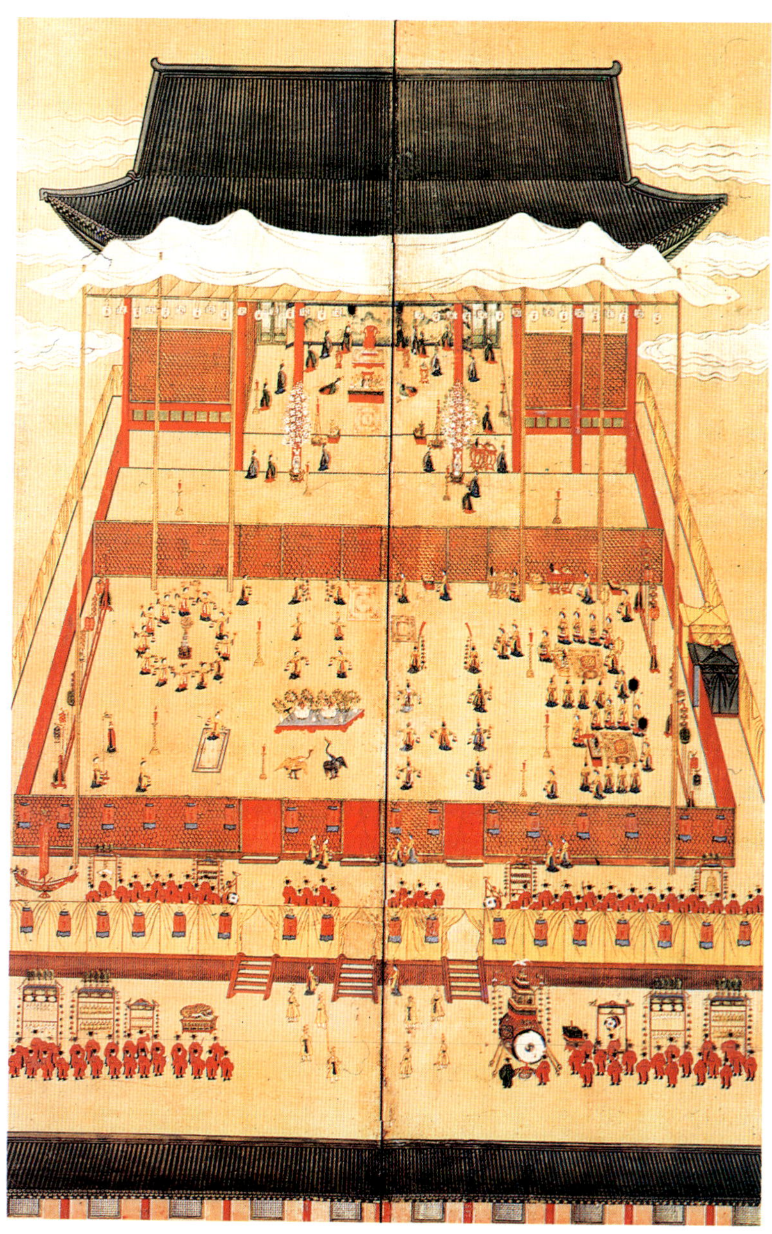

궁중 진연도 궁중에 잔치가 있고 나면 그때 괴었던 음식들은 가자에 실려 대궐문 밖의 민가에 하사되었고 사대부가인 왕비, 세자빈의 본곁에서는 맛있는 음식을 진상하였다.

궁중, 반가, 상민 모두에게 적용된다. 그 이유는 간장, 된장, 고추장 등 발효시킨 조미품과 또 발효 식품인 젓갈, 식초, 김치가 바탕이 되어 대부분의 음식이 만들어지기 때문이다.

궁중 수라상을 비롯하여 양반가의 상차림법을 모범으로 수저 문화가 발달되었다. 궁중 식사 예법이 어렵기는 하지만 음식에 대한 철학은 오직 겸손하게 양생하고 공양하는 것을 바탕으로 한다.

통과 의례에 관한 예절도 궁이나 밖이나 거의 같다. 궁중 음식은 가장 질이 좋고 다양한 재료, 수준 높은 기술로 세련되고 격조 있게 만들었다는 특징이 있을 뿐 특수한 음식은 아니다. 게다가 가장 모범이 되는 음식이기에 사대부가에서 본을 받고자 했으므로 궁중과 반가의 차이는 별로 없다.

음식뿐만 아니라 차림새나 예법도 민간에 많이 전해졌는데 우리의 결혼 제도가 한국 식생활의 명맥을 유지시키는 데 큰 몫을 하였다. 서울이라는 곳에 궁이 있어서 서울의 문화가 궁중의 문화라 할 수는 없지만 궁중의 문화가 서울 문화의 일부가 되어 중추적인 역할을 한 것은 음식 문화에서도 인정할 만하다.

궁중의 조리인

궁중의 식생활과 조리인

역대 왕조 시대의 궁중 음식은 궁중 주방 상궁(尙宮)들의 손에서 손으로 이어져 내려왔다. 궁중 음식 조리 기능의 전수와 주방 상궁들의 훈련 제도를 알아볼 수 있는 자료로서 당시의 문헌들은 별로 없으나 조선시대 후기 실제 궁중에 있던 상궁들의 구술에 의하여 자세히 알 수 있게 되었다. 조선시대 마지막 주방 상궁인 한희순으로부터 전해 들은 바를 황혜성은 『한국의 미각』에 정리하였고 또한 상궁이었던 김명길의 구술을 적은 『낙선재 주변』과 김용숙의 궁중 풍속에 관한 저서 등에도 궁중 조리인에 대한 기록이 있다.

궁중 살림은 중전의 총괄 아래 각 궁에 상궁을 배치하고 각 처소에서 분담하여 거행한다. 13세에 입궁한 아기나인을 항아님이라 하며 입궁한 지 10년이 지나 23세가 되면 쪽을 찌고 비녀를 꽂아 관례를 올리고 어른 대접을 받는 내명부(內命婦)의 품계를 가지게 된다. 다시 10년이 지나면 상궁 봉첩을 받아 벼슬을 하게 된다. 이때

직책에 따라 품계가 주어진다. 나인(內人)은 지밀(至蜜) 나인과 도청(都聽) 나인으로 나뉘는데 도청 나인 가운데 소주방(燒廚房) 나인, 생과방(生果房) 나인이 음식을 담당한다. 안소주방(內燒廚房)에서는 조석 수라를 장만하고 소주방과 나란히 위치하는 밖소주방(外燒廚房)에서는 다과(茶菓)와 전다(煎茶)를 올리며 갖가지 떡도 만든다.

주방 상궁이 되려면 13살에 입궁하여 스승을 정하여 20년 동안 전수를 받아 33세가 되면 주방 상궁 첩지를 받아 평생 소주방에서 음식 만드는 일을 한다. 수라상을 올릴 때는 수라 상궁 세 명이 거행을 한다. 그 가운데 기미(氣味) 상궁이라 하는 나이가 많은 상궁은 검식(檢食)을 하며 또 한 명의 상궁은 그릇의 뚜껑을 여닫고 시중을 들며 나머지 한 명의 상궁은 전골 만드는 일을 담당한다.

궁중에는 주방 상궁 외에 음식을 담당하는 남자 전문 요리사가 있어 궁중의 진연 음식을 따로 맡아서 하게 된다. 이들을 대령 숙수(待令熟手)라 하고 세습에 의해 그 기술을 전수한다.

궁녀의 생활과 임무

궁녀는 정5품 상궁직을 최고로 하여 최하 4, 5세의 어린 견습 나인인 아기나인까지 있으며 각기 소속된 처소, 직분, 신분에 따라 명칭이 다르다. 궁녀의 명칭은 궁 밖의 외부인들은 궁녀를 통틀어 나인이라 부르고 그들 자신은 상궁과 나인을 구별하여 쓴다.

왕과 왕비가 거처하는 궁전은 각 전(各殿)이라 하고 대군, 왕자, 옹주, 후궁, 신주를 모신 곳은 각 궁(各宮)이라 하는데 궁인이라는

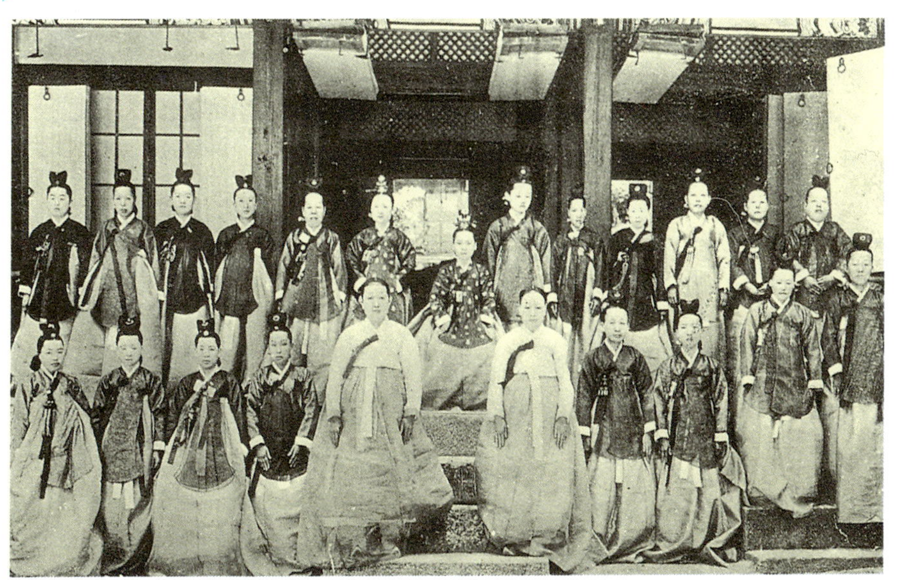

윤비(尹妃)와 나인들 순종(純宗) 왕후가 나인 및 대신 부인과 함께 촬영한 기념 사진이다.

관리를 둔다. 왕족들이 사는 궁들은 각기 사유 재산과 국가에서 내리는 공물을 가지고 독립 세대를 이루고 살며 나인들은 궁에서 보수를 받는다. 궁녀란 '궁중 여관'의 다른 이름으로 상궁 이하 궁인직을 말한다. 궁녀의 품계는 대전과 세자궁 소속으로 나누며 세자궁 궁녀는 수도 적고 등급도 낮다. 지위가 높은 궁녀는 상궁과 상의로 왕, 왕비, 왕대비를 모시는 직분을 가진다.

궁녀의 임무

제조 상궁 큰방 상궁이라고도 하며 남자 관리로 치면 영의정 지위로 궁녀 가운데 연조가 가장 오래되고 위품과 인격이 높다. 제조 상궁은 단 한 명뿐이며 대전 어명을 받들고 내전의 치산을 주관한다. 제조 상궁의 상차림은 수라상과 가짓수는 같지만 분량은 적다.

부제조 상궁　아랫고 상궁이라고도 하며 제조 상궁이 세상을 떠나면 자리를 잇는다. 곳간의 물품 출납을 맡아 하며 왕의 사유 재산인 귀중품과 반상기인 은기, 자기, 유기, 비단 등을 관리한다.

대령 상궁　지밀 상궁이라고도 하는데 항상 왕의 곁에서 어명을 받드는 자세로 대기한다.

보모 상궁　왕자녀의 보육을 담당하는데 동궁에는 두 명, 다른 궁에는 한 명이 있다. 왕의 자녀들은 이들을 아지라고 부른다.

시녀 상궁　궁중의 지밀에서 상시 봉사하면서 여러 가지 업무를 행한다. 서적 관장, 글 낭독, 글의 정사(正寫), 대소 잔치의 내연을 거행하고 종실, 외척에 물품 내리는 업무를 관장한다. 왕비와 왕대비의 특사로 어명 전하는 일을 하여 일명 봉명 상궁이라 하고 칙사 대접을 받는다.

일반 상궁　뚜렷한 직함이 붙지 않은 일반 상궁은 처소마다 7, 8명이 있어서 아래 나인들을 총괄하고 책임진다. 상궁의 존칭은 마마님인데 민가에서는 대갓집의 소실을 지칭한다.

나인　관례를 치르고 성인이 된 궁녀를 이른다. 소녀 때 궁에 들어와 15년이 지나야 나인이 된다. 나인에는 지밀 나인과 도청 나인이 있다.

궁녀의 생애

궁녀는 4세에 입궁한 것을 기준으로 18세 내지 19세가 되면 나인이 되는데 어릴 때에는 머리에 새앙을 매고 도투락댕기를 네 가닥으로 맨다. 입궁한 지 15년이 되면 관례를 치르는데 바깥 사람들이 혼례를 치르듯이 연지 찍고 분 바르고 어여머리에 떠구지를 쓰고 원삼과 당의를 입고 임금과 각 전에 배례를 한다. 임금에게 시집간

셈이 되어 늙을 때까지 처녀로 혼자 살다가 병이 나거나 죽게 되면 협문을 통해 친가로 보내지는 가련한 신세가 되기도 한다. 관례 뒤에는 첩지에 쪽을 찐다. 관례를 치르고 15년이 경과하면 상궁 직첩을 받는다.

지밀 나인 대전, 내전에 상시 사는 나인으로 10년마다 보궐한다. 지밀 나인은 중인의 딸을 선발하는데 궁에 들여보낼 때는 시집보내듯 생각해서 스승이 되는 항아님께 옷과 음식을 많이 해서 보낸다. 이 항아님은 부모 대신 키워 주고 예절을 가르치므로 어머니처럼 섬긴다.

도청 나인 도청 나인은 침방, 수방 등에서 소임을 맡는데 수방 나인은 수놓는 그림을 그리므로 붓글씨도 잘 쓴다. 도청 나인은 항상 인원이 부족하여 자주 뽑아 인원을 보충한 데 비해 침방과 수방 나인은 기술을 익혀야 하므로 7, 8세에 데려다 훈련을 시켰다. 그런데 침방과 수방은 지밀 다음으로 알아 주는 자리이므로 치마를 입을 때 왼쪽으로 둘러 입을 수 있었다고 한다.

처소 나인 수방, 침방 나인 외에 안소주방, 밖소주방, 생과방, 세답방, 세수간 나인들이 있는데 지체가 낮아 들어가기가 힘들지 않았다. 처소 나인은 새앙을 못 매고 쪽을 찌고 홑댕기를 두 가닥으로 매는데 끝잎댕기라고 부르는 것이다. 나이 많은 연로한 나인은 방각시를 서너 명 데리고 스승 노릇을 하며 산다. 나인이 되면 월급을 쌀로 내리는데 스승 상궁이 모았다가 관례를 치를 때 쓴다.

상궁 상궁 직첩을 받게 되면 그날부터 첩지를 단다. 황후는 봉황 첩지로 전체 도금한 것을 다는데 궁인은 개구리 첩지로 머리와 꼬리만 도금한 것을 단다. 상궁 첩지를 받으면 방을 하나씩 받아 따로 세간살이를 한다.

나인이 하는 일

지밀 나인은 왕과 왕비의 신변 보호와 의식주 일체 시중과 물품 관리, 내시부, 내의원, 내선사 등과 중요한 교섭을 한다. 궁중의 크고 작은 잔치인 가례, 제례 때 시위하고 전도한다.

수방 나인은 궁중에서 소용되는 복식이나 장식물에 수를 놓고 침방 나인은 왕과 왕비의 의대 및 금침, 누비옷, 보, 그 밖의 왕궁에서 소용되는 의복을 만든다.

세수간 나인은 조석으로 왕과 왕비의 세수와 목욕을 시중 든다. 지(요강), 타구, 매화틀(변기) 등의 시중을 든다. 수건을 빨고 물품을 출납하는데 평소에는 내빈을 접대하고 내전 청소를 담당한다. 청지기 나인이라고도 부른다.

소주방 나인은 수라간 나인인데 안소주방은 왕과 왕비의 조석 수라를 관장한다. 밖소주방에서는 궁중의 크고 작은 잔치 때 음식을 장만하는데 윗분의 탄일, 왕자녀의 백일과 탄일에는 백설기를 쪄서 각 궁에 돌리고 종친과 외척에게도 돌리는 일을 한다.

생과방 나인은 의대의 세탁, 염색, 다듬이질, 뒷손질을 한다. 복이처 나인은 내전 침실의 불 때는 일과 등불 점화를 담당하며 퇴선간 나인은 지밀에 부속되어 있는 중간 부엌에 떨어져 있는 소주방에서 음식을 다시 덥혀 수라상에 올리고 물림도 한다. 수라만은 이곳에서 지으며 수라상에 쓰이는 상이나 화로 등 기물을 관장한다.

이 밖에 물을 긷거나 불을 때는 무수리가 있는데 아침, 저녁 출퇴근을 하는 결혼한 사람들이다. 또 비자는 궁의 처소나 상궁의 살림집에 소속된 이로 궁 밖에 글월을 보내는 편지 배달을 하고 답장 받아 오는 일을 한다. 각심이는 나인들 방에서 살림을 해주는 손님방 아이 또는 방자라 한다.

궁중의 일상식

궁중에서 평일에는 대전, 중전, 대비전, 대왕대비전의 아침과 저녁 수라상, 이른 아침의 초조반상(初朝飯床), 점심의 낮것상 등 네 차례의 식사가 있다. 탕약을 들지 않는 날에는 이른 아침 7시 전에 초조반으로 죽이나 응이, 미음 등의 유동 음식을 기본으로 하여 젓국찌개, 동치미, 마른찬을 차리는 간단한 죽상을 마련한다. 아침 수라는 10시경, 저녁 수라는 오후 5시경에 내며 낮에는 낮것상이라 하여 면상이나 다과상을 차린다.

수라상은 12첩 반상 차림으로 반가의 9첩이나 7첩 반상 차림보다 가짓수가 많을 뿐만 아니라 식사 예법도 까다로운 편이다. 궁중의 일상적인 음식은 주방 상궁들이 담당한다.

초조반상에는 쌀에 잣이나 깨, 채소, 고기 등을 넣어 여러 가지 죽을 만들고 국물이 많은 물김치류, 소금이나 새우젓으로 간을 한 맑은조치 그리고 마른찬을 두세 가지 함께 낸다.

평상시의 아침과 저녁 진짓상을 수라상이라 하며 밥과 찬품으로 구성된다. 찬품 단자(음식 발기)와 기명은 표의 내용과 같다.

수라상의 찬품 단자와 기명

궁중의 음식명		일반 음식명	기명
＊ 기본 음식 : 밥과 탕 그리고 기본 찬			
① 수라	흰밥, 팥밥 두 가지	밥, 진지	수라상, 주발
② 탕	미역국, 곰탕 두 가지	국	탕기, 갱기
③ 조치	토장조치, 젓국조치 두 가지	찌개	조치보, 뚝배기
④ 찜	육류, 생선, 채소의 찜이나 선	찜	조반기, 합
⑤ 전골	화로와 전골틀을 준비하여 곁반에서 만들어 대접함.	전골	전골틀, 합, 종지, 화로
⑥ 김치	젓국지, 송송이, 동치미 또는 나박김치의 세 가지	배추김치, 깍두기, 동치미, 물김치	김치보
⑦ 장류	청장, 초장, 윤집, 겨자집	장, 초장, 초고추장	종지
＊ 찬품 : 12가지 찬품			
① 더운구이	육류, 어류의 구이나 적	구이, 산적, 누름적	쟁첩
② 찬구이	김, 더덕 등 채소나 건어물	구이	쟁첩
③ 전유화	육류, 어류, 채소의 전	전유어, 저냐, 전	쟁첩
④ 숙육	삶은 육류를 얇게 썬 것	편육	쟁첩
⑤ 숙채	익혀서 조리한 채소 음식	나물	쟁첩
⑥ 생채	날로 무친 채소 음식	생채	쟁첩
⑦ 조리개	육류, 어류, 채소류의 조림	조림	쟁첩
⑧ 장과	채소류의 장아찌나 갑장과	장아찌	쟁첩
⑨ 젓갈	어패류의 젓갈	젓갈	쟁첩
⑩ 마른찬	포, 자반, 튀각 등의 마른찬	포, 튀각, 자반	쟁첩
⑪ 회	육회, 어패류의 생회, 숙회	회	쟁첩
⑫ 별찬	수란 또는 다른 별찬		쟁첩
차수		숭늉	다관 · 대접

궁중 일상식에 관한 문헌은 많이 남아 있지 않으나 1795년에 정조(正祖)가 모후(母后)인 혜경궁 홍씨(사도세자빈)의 갑년(甲年, 회갑)에 수원 행궁에 모시고 나가 진찬한 기록을 통해 자세히 알 수 있다. 자궁(慈宮, 혜경궁 홍씨)과 여자 형제들과 함께 화성(華城)의 현륭원(顯隆園)에 현행하였던 절차를 기록한 『원행을묘정리의궤(園幸乙卯整理儀軌)』라는 문헌이 그것이다.

이 책에는 왕의 일행이 한성 경복궁을 출발하여 환궁하기까지 대접한 식단이 자세히 기록되어 있다. 아침·점심·저녁 수라, 다소반과(茶小飯菓), 죽, 미음 등 주식에 따른 상차림 구성과 다과 상차림을 알 수 있다. 매일 아침, 점심, 저녁, 밤, 식간에 내는 음식도 다양하고 특히 중로에서 고음, 응이상을 올리면서 정과나 전약이 같이 놓이는 것도 특이하다.

상과 기명

수라상에 사용되는 기명은 겨울에는 은(銀) 반상기, 여름에는 사기 반상기를 쓰며 수저는 사철 내내 은으로 만든 것을 사용한다. 은은 독물이 닿으면 변색이 되어 음식에 독극물이 있을 경우에 미리 위해를 막을 수 있다. 상에 올리는 그릇은 모두 같은 문양과 같은 재질로 된 것을 사용한다. 주발, 갱기(탕기), 조치보는 같은 모양이지만 크기가 대중소로 겹쳐 한 틀이 된다. 예외로 토장조치는 뚝배기에 올리는 경우도 있다.

상은 붉은 색 주칠을 한 대원반과 소원반 그리고 책상반의 세 상을 한 번에 차린다. 전골을 끓이기 위해 화로와 전골틀을 준비한다.

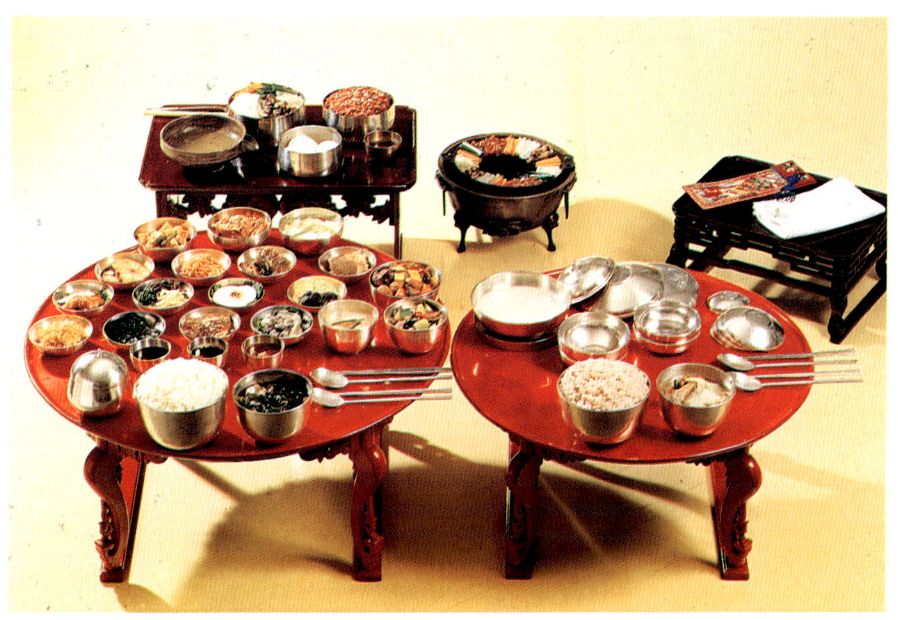

수라상 차림 12첩 반상 차림으로 재료와 조리법이 모두 달라 한국 음식의 특징을 한눈에 볼 수 있으며 식사 예법도 엄중하다.

반배법

대원반 앞줄의 오른쪽에 국, 왼쪽에 수라를 놓는다. 곁상에 놓인 홍반(붉은 팥찰밥)과 곰국은 원하면 백반과 곽탕을 내리고 바꾸어 놓는다. 대원반의 오른편에 수저를 두 벌 놓고, 국을 내리고 차수를 올릴 때에 한 벌을 내린다. 곁반의 수저 두 벌은 기미 상궁이 기미 하거나 음식을 빈 공기나 접시에 덜 때 쓰며 책상반의 수저는 전골 상궁이 전골을 만들 때에 쓴다. 토구는 뚜껑이 달린 오목한 그

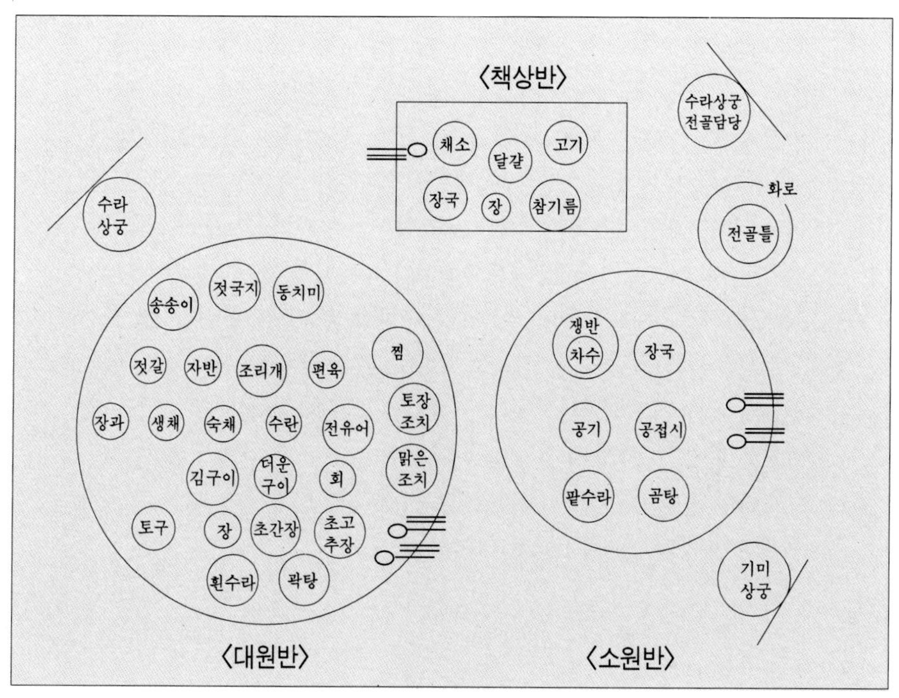

수라상 반배도

룻으로 비아통이라고도 한다. 음식을 먹다가 입에서 넘기지 못하는 뼈, 가시 등을 담는 그릇인데 대원반의 왼편 끝에 놓는다.

음식의 간을 맞추는 청장, 젓국, 초고추장, 겨자집 등을 담은 종지는 밥과 국의 바로 다음 줄에 놓는다. 더운 음식과 손이 자주 가는 것과 국물이 있는 국, 찌개, 물김치 등은 오른편에 놓는다. 젓 갈·밑반찬은 상의 왼편에 놓는다. 따뜻한 음식인 찜, 구이, 별찬인 회, 수란은 곁상에 두었다가 적절한 때 대원반에 올린다.

시중들기

상이 다 차려진 뒤에 왕이 들게 된다. 왕이나 왕비가 대원반 앞에 정좌를 하면 수라 상궁은 쟁첩의 뚜껑을 두 손으로 차례로 벗겨서 겹친 다음 소원반에 내려 놓는다.

기미 상궁은 빈 그릇에 음식을 덜어 기미한 뒤에 해가 없으면 "젓수십시요"라는 말을 한다. 왕이 수라를 들 때는 휘건(고운 무명 수건)을 두르도록 하고 협자로 잘 끼운다. 수라를 젓수시는 동안 전골을 뜨겁게 마련하여 공기에 덜어서 드린다. 국을 다 들고 나면 탕기를 내리고 차수 대접을 올린다.

수라상이 퇴선간으로 나가면 남은 음식은 상궁들이 다음 끼니에 두레반에 차리고 밥은 새로 지어서 먹는다.

궁중 음식 조리법

숙회

궁중상추쌈 차림
재료 및 조리법 상추, 실파, 쑥갓
약고추장—고추장, 쇠고기, 참기름, 설탕 또는 꿀
쌈된장—된장, 고춧가루, 쇠고기, 표고버섯, 풋고추
보리새우볶음—보리새우, 샐러드유
새우 양념—간장, 설탕, 참기름, 통깨

• **쌈장** 쇠고기는 잘게 썬다. 표고는 불린 다음 기둥을 떼고 채를 쳐 고기와 함께 양념을 한다. 뚜가리에 양념한 고기와 표고를 넣어 잠시 볶다가 된장 푼 물을 붓고 끓인다. 국물이 없어져 되직해지면 고춧가루와 송송 썬 풋고추, 파를 넣는다.

• **약고추장** 쇠고기를 다져서 양념을 하고 국물 없이 볶아서 도마에 놓고 다시 곱게 다진다. 냄비에 고추장, 물, 볶은 고기를 넣고 섞어 저으면서 볶는다. 걸쭉해지면 꿀, 참기름, 잣을 넣고 조금 더

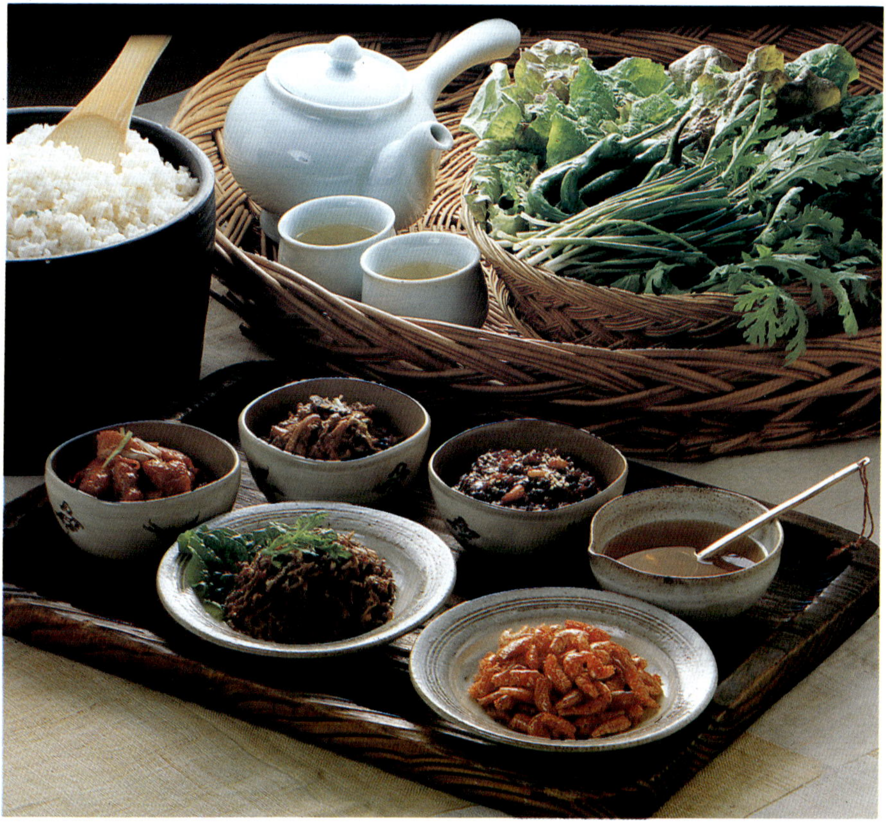

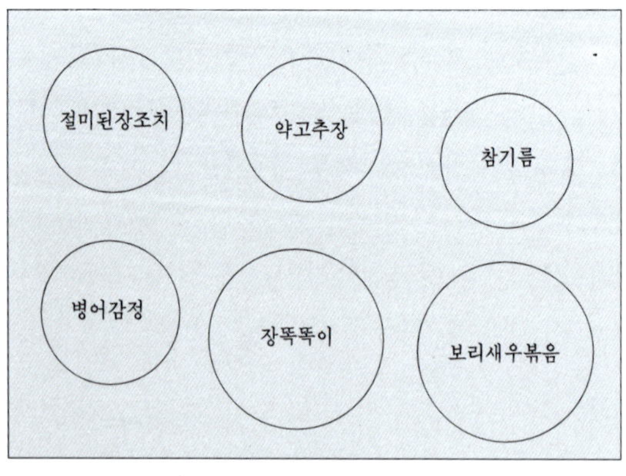

상추쌈 연한 상추에 쑥갓, 실파를 곁들여서 밥을 싸서 쌈으로 먹는다. 약고추장과 쌈된장을 마련하는데 형편에 맞추어 육류와 어류의 찬을 보태면 더욱 좋다.

상추쌈 차림

절미된장조치	약고추장	참기름
병어감정	장똑똑이	보리새우볶음

볶는다.

• **병어감정** 병어를 살만 포를 떠서 폭 1센티미터, 길이 3센티미터의 막대 모양으로 썰고 파, 마늘, 생강은 채를 친다. 냄비에 고추장, 설탕, 물, 간장을 넣고 팔팔 끓이다가 병어를 넣는다. 채친 양념을 넣고 국물을 끼얹으면서 부서지지 않게 바특하게 끓인다.

• **보리새우볶음** 보리새우를 마른 팬에 놓고 볶아 바삭바삭해지면 마른 행주에 쏟아 비벼서 가시를 없앤다. 팬에 기름을 두르고 불을 약하게 하여 볶는다. 기름이 고루 스미면 불을 줄이고 설탕, 깨소금, 간장 약간, 참기름을 넣고 빨리 섞는다.

장똑똑이
재료 쇠고기(우둔), 간장, 설탕, 물, 흰파, 마늘, 생강, 깨소금, 참기름

고기 양념—간장, 참기름, 후춧가루 약간

조리법 쇠고기를 결대로 가늘게 썰고 양념인 파, 마늘, 생강도 곱게 채친다. 냄비에 간장, 설탕, 물을 넣고 팔팔 끓이다가 썰어 놓았던 쇠고기를 넣어 조린다. 채쳐 준비한 양념과 깨소금, 참기름을 넣고 국물이 조금 남을 때까지 조린다.

밥

골동반(비빔밥)
비빔밥은 밥 위에 갖가지 나물과 고기를 볶아서 한데 어울려 먹는 밥으로 여러 가지 재료가 한 그릇에 고루 들어 있어 이것만으

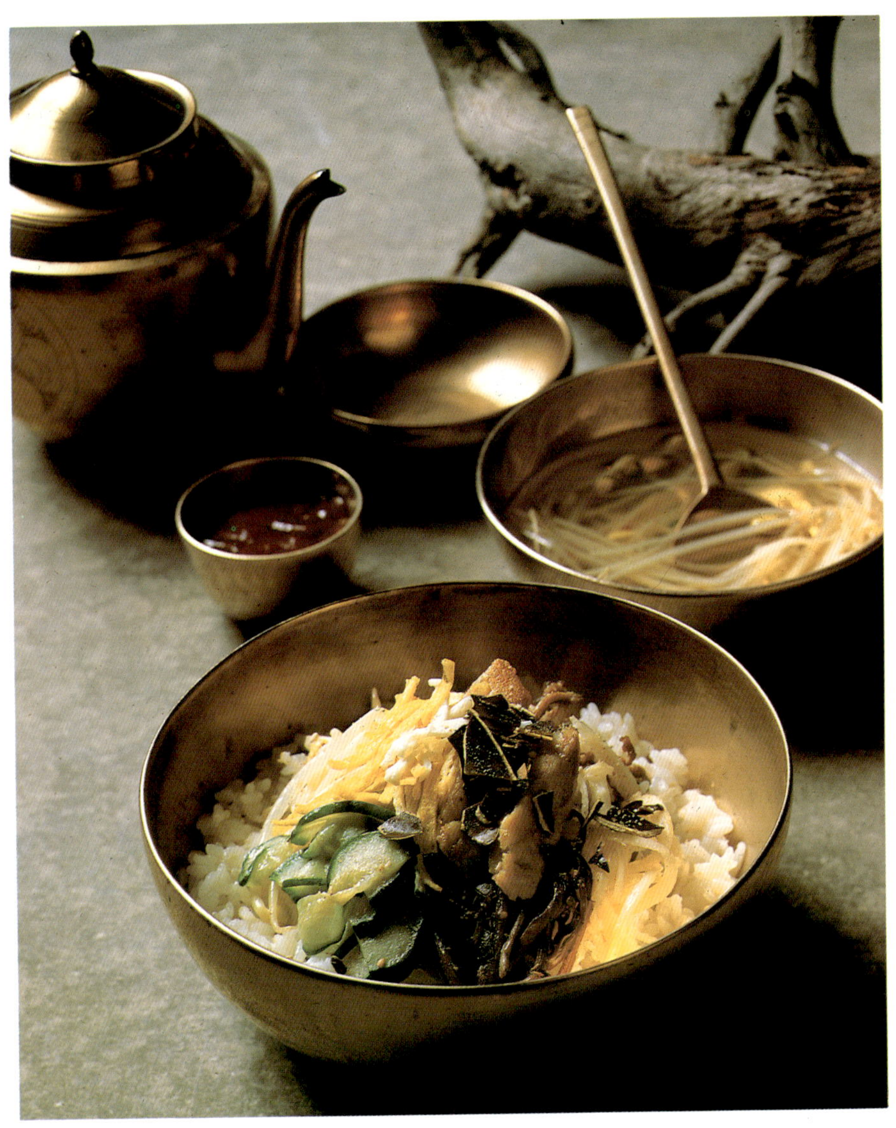

제사밥에서 유래된 비빔밥(골동반)과 콩나물국

로도 충분히 영양적으로 균형 잡힌 한 끼의 식사가 될 수 있다. 비빔밥에 넣는 나물거리는 꼭 정해져 있다기보다 제철에 가장 흔하고 맛있는 채소로 대개 세 가지 이상을 준비하면 된다. 푸른 색 나물로는 오이, 애호박, 시금치, 미나리, 쑥갓 등이 있고 흰색 나물은 도라지, 숙주나물, 콩나물, 무나물 등이 있으며 갈색 나물로는 고사리, 고비, 표고버섯 등이 있다. 궁중에서는 비빔밥을 비빔 또는 골동반(骨董飯)이라 하여 섣달 그믐날에 만들었다고 한다. 다음날인 새해 첫날은 흰 떡국으로 일 년의 첫 식사를 마련하였다.

재료 흰밥, 쇠고기, 표고버섯, 고사리, 오이, 도라지, 소금, 생선 흰살(전감), 콩나물, 달걀, 다시마, 소금, 후춧가루, 밀가루, 참기름, 소금, 고추장

고기 양념장—간장, 설탕, 다진 파, 마늘, 참기름, 깨소금, 후춧가루

나물 양념장—청장, 다진 파, 마늘, 참기름, 깨소금, 후춧가루

조리법 쇠고기는 채를 치고 표고는 불려서 기둥을 떼고 채를 친다. 고기 양념장을 만들어 쇠고기와 표고에 반 분량씩으로 고루 양념하여 각각 번철에 기름을 두르고 볶는다. 오이는 길이로 반을 갈라서 어슷하고 얇게 썰어 소금에 절였다가 물기를 꼭 짜고, 도라지는 가늘게 갈라서 소금에 주물러 씻는다. 고사리는 억센 줄기는 다듬고 짧게 끊어 나물 양념장을 나누어서 반량씩 넣어 양념하여 볶는다.

콩나물은 씻어 냄비에 담고 물과 소금을 약간 넣어 뚜껑을 꼭 덮고 충분히 삶아서 남은 나물 양념장으로 무친다. 생선 흰살은 얇은 전감으로 떠서 소금, 후춧가루를 뿌리고 밀가루를 묻혀서 달걀을 풀어 씌워 전을 부쳐서 1센티미터 폭으로 썰고, 남은 달걀은 지단

을 부쳐 채로 썬다. 다시마는 기름에 튀겨서 잘게 부순다.

밥을 약간 되게 지어 위에 고명으로 얹을 재료를 조금씩만 남기고 모두 넣는다. 참기름과 소금을 넣어 간을 맞추고 고루 비벼서 그릇에 나누어 담고 남긴 재료들을 보기 좋게 위에 조금씩 얹어 낸다. 고추장은 따로 담아 내고 각자 식성에 따라 넣어 비비도록 한다.

오곡반

다섯 가지 곡식을 합하여 밥을 짓는 데서 이름이 연유되었다. 가을철에 간수한 마른 나물로 음력 정월 보름날에 아홉 가지 나물을 만들고 오곡밥을 지어 이웃과 두루 나누어 먹는 풍습이 지금까지도 지켜져 내려오고 있다. 오곡이란 원래 다섯 가지 중요한 곡식인 쌀, 보리, 조, 콩, 기장을 이른다.

그러나 오곡밥의 곡식은 각 가정이나 지방의 형편에 따라 넣는 곡물이 조금씩 다르다. 오곡밥은 차진 곡물이 많이 들어가므로 밥물을 보통 밥보다 적게 잡는다. 오곡밥은 솥에다 물을 부어 보통 밥짓기처럼 짓기도 하나 찜통이나 시루에 베보를 깔고 곡물을 담아 찌는 방법도 있다. 이때는 찌는 도중에 서너 차례 소금물을 고루 뿌려서 섞어 준다.

재료 팥, 밤콩, 수수, 차조, 찹쌀, 멥쌀, 소금

조리법 팥은 씻어서 불에 올리는데 충분히 잠길 정도의 물을 부어 끓어오르면 물을 따라 버리고, 다시 3컵 정도의 물을 부어 팥알이 터지지 않을 정도로 삶아 건지고 팥물은 따로 받아 둔다. 콩은 물에 불리고 수수는 여러 번 대껴서 씻어 붉은 물을 우려내고, 차조는 씻어 건진다.

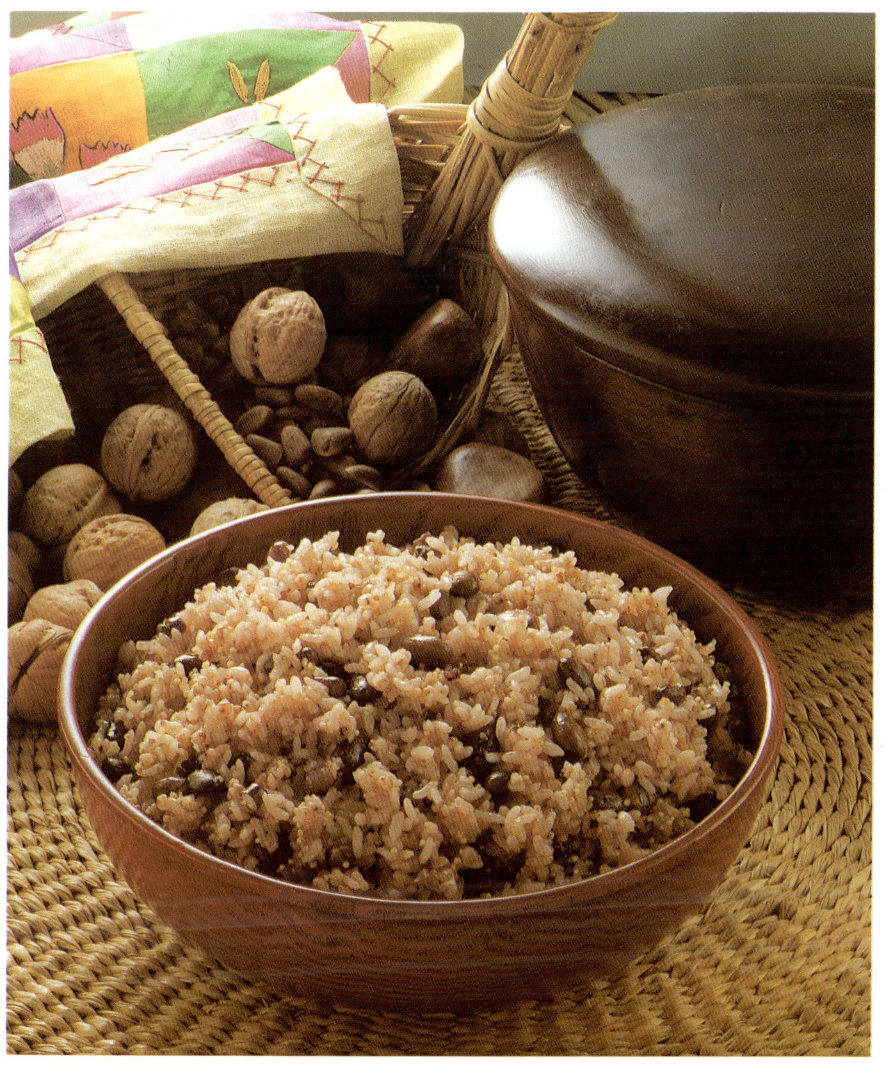

오곡반 정월 대보름에 아홉 가지 나물과 같이 먹는 찰밥으로 쌀, 보리, 조, 콩, 기장의 다섯 가지 곡식을 넣어 만들었다.

찹쌀과 멥쌀은 밥짓기 약 30분 전에 씻어 물에 불렸다가 건진다. 쌀, 찹쌀과 삶은 팥과 불린 콩, 수수를 합하여 냄비나 솥에 안쳐 고루 섞고, 팥 삶은 물과 물을 합하여 계량하여 소금을 넣고 잘 저어서 밥물을 붓고 불에 올려 끓인다. 밥이 끓어오르면 위에 차조를 얹고 불을 중불로 줄인다. 쌀알이 익어 퍼지면 불을 아주 약하게 하여 뜸을 들인 뒤 위아래를 잘 섞어 밥그릇에 푼다.

떡

물호박떡

늙은 호박을 얇게 저며서 쌀가루에 섞고 고물은 거피팥으로 하여 시루에 켜켜로 안쳐서 찐 소박한 맛의 시루편이다. 추석 무렵부터 겨울철에 많이 만들어 먹는 떡이다. 호박을 끈처럼 썰어 말려서 만든 호박고지는 불려서 찰시루떡에 넣어도 맛이 있다.

재료 쌀, 소금, 설탕, 물호박, 팥고물(거피팥, 소금)

조리법 쌀을 씻어 충분히 불려서 건진 뒤 소금을 넣어서 가루로 빻아 체에 친다. 거피팥은 하루 전에 물에 불려서 거피하여 찜통에 행주를 깔고 쪄낸 뒤 식기 전에 소금을 넣고 대강 찧어서 굵은 체에 쳐 팥고물을 만든다.

호박은 갈라서 속을 파내고 껍질을 벗겨서 5센티미터 폭으로 납작납작하게 썬다. 그런 다음 호박에 설탕 1컵을 뿌려서 고루 섞고 쌀가루에도 설탕 1컵을 고루 섞은 다음 두 가지를 한데 합한다. 시루 맨 밑에 팥고물을 한 켜 놓고 위에 쌀가루와 호박 섞은 것을 4센티미터 정도의 켜로 안치고 위를 편편하게 한다. 다시 그 위에

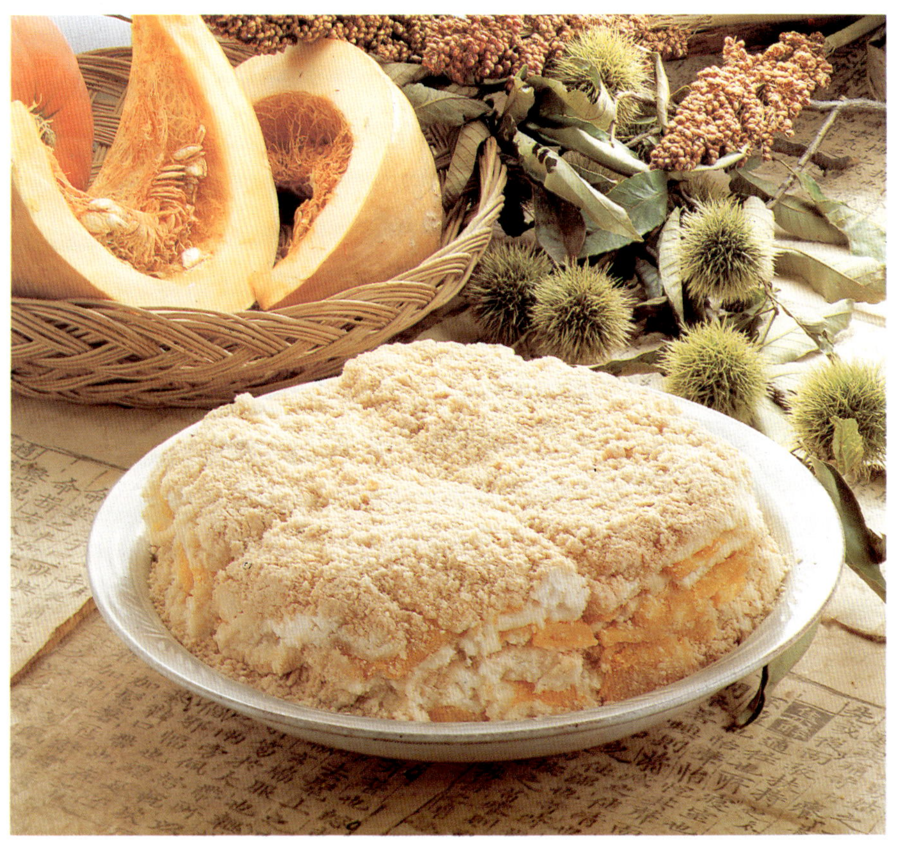

물호박떡 추석 무렵부터 겨울철에 많이 만들어 먹는 떡으로 물호박, 거피팥, 쌀이 주재료가 된다.

고물을 1센티미터 두께로 고루 얹고 그 위에 다시 떡가루를 놓는다. 이처럼 여러 켜를 반복하여 안치고 제일 위에 고물을 고루 뿌린다.

끓는 물이 담긴 솥이나 냄비 위에 시루가 기울지 않게 바로 놓고 시룻번을 바르고 위에 베보를 덮어서 찐다. 시루 위에 김이 오르기 시작하면 뚜껑을 덮고 30분 정도 찐다. 떡을 대꼬치로 찔러 보아 흰가루가 묻어나지 않으면 익은 것이니 불을 끄고 시루를 떼어 큰 도마나 쟁반에 엎어서 한 김 식은 뒤에 적당한 크기로 썰어 그릇에 담는다.

두텁떡

조선시대 궁중에서 잔치 때에 만들던 떡으로 합병(盒餠) 또는 봉우리떡이라고도 한다.

재료 찹쌀, 거피팥, 밤, 대추, 잣, 유자 껍질
떡가루 양념—간장, 설탕, 물
팥고물 양념—간장, 설탕, 계핏가루, 후춧가루
팥소—볶은 팥고물, 꿀, 유자청, 계핏가루

조리법 찹쌀을 씻어 충분히 불려서 가루로 빻아 체에 친다. 그런 다음 떡가루 양념을 넣고 고루 비벼서 다시 체에 내려 떡가루를 준비한다. 거피팥은 하룻밤 정도 충분히 불려서 말끔히 거피하여 찜통에 푹 무르게 찐다.

무르게 익은 팥을 큰 그릇에 쏟아서 방망이로 대강 찧어 으깬 뒤 팥고물 양념을 넣어 고루 섞는다. 양념한 팥을 넣고 두꺼운 번철에 두세 번에 나누어서 기름을 두르지 말고 주걱으로 뒤집으면서 보슬보슬하게 될 때까지 볶는다. 볶아지면 식혜 어레미에 쳐서 볶은 팥고물을 만든다.

밤은 껍질을 까서 여섯 조각 정도로 썰고 대추도 씨를 발라내어 밤처럼 썰고, 잣은 고깔을 떼어 놓는다. 설탕에 재웠던 유자를 건져서 곱게 다진다. 볶은 팥고물 2컵을 덜어 꿀, 유자청, 다진 유자를

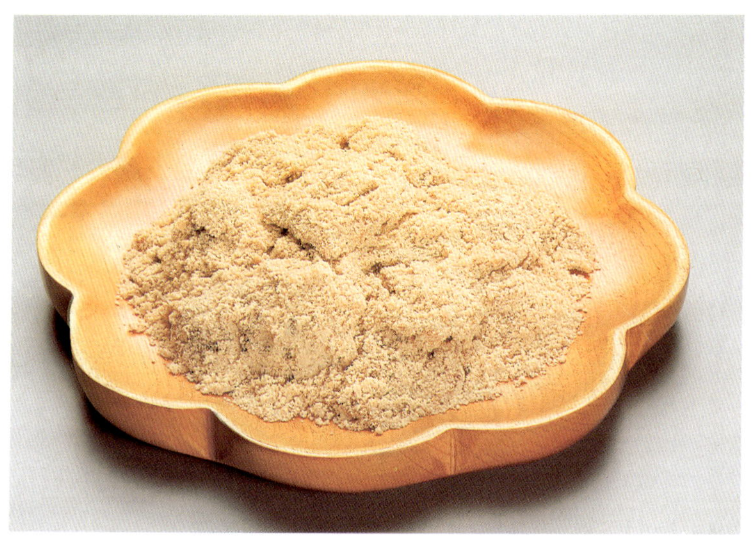

두텁떡 봉우리떡이라고도 하며 유자향이 나는 특별한 찰떡이다.

고루 섞은 뒤에 밤, 대추, 잣을 박아서 지름 2센티미터 정도의 동글 납작한 소를 빚는다.

찜통이나 시루에 젖은 행주를 깔고 고물을 한 켜 넉넉히 고르게 간 다음 떡가루를 한 수저씩 드문드문 놓고 떡가루 가운데에 팥소 를 하나씩 놓고 다시 그 위에 떡가루를 한 수저씩 덮는다. 그 위에 볶은 팥가루를 가만히 뿌린 다음 우묵하게 들어간 자리에 같은 방 법으로 다시 소를 넣어 안쳐서 불에 올려 30분 정도 찐다.

대꼬치로 찔러서 흰가루가 묻어나지 않으면 불에서 내려 한 김 식힌 뒤 보자기째 목판이나 쟁반에 들어내어 쪄진 떡을 하나씩 수 저로 떠서 그릇에 담는다.

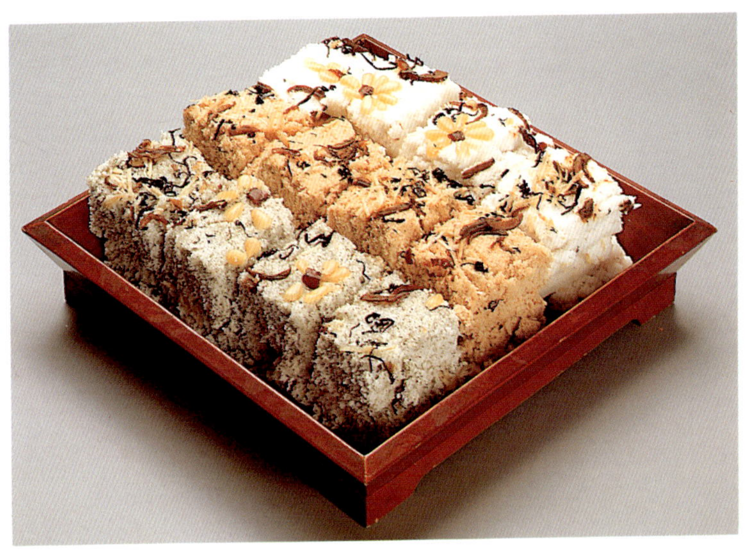

각색편 멥쌀가루를 가지고 하얗게, 꿀을 넣어 누렇게, 승검초를 넣어 푸르게 삼색으로 편편이 쪄낸 떡으로 잔치에 고임으로 썼다.

각색편

고물이 없이 밤, 대추, 버섯채 고명을 뿌려 장식을 한 편편한 시루떡으로 집안의 경사인 혼인, 회갑 때 만드는 고임떡이다. 멥쌀가루를 셋으로 나누어 만든 흰색의 백편, 꿀을 넣은 누런 색의 꿀편, 승검초 가루를 섞은 승검초편을 이르는 것으로 각각 향과 맛이 다르다. 이 세 가지를 합하여 각색편 또는 갖은편이라 한다. 한 시루에 세 가지 떡을 켜켜로 안쳐서 쪄도 된다.

• 꿀편

재료 멥쌀가루, 꿀, 캐러멜 소스, 간장, 설탕, 석이버섯, 밤, 대추, 잣

조리법 쌀을 불려서 소금을 넣고 가루로 빻아 고운 체에 내린

다. 석이버섯은 더운 물에 불려서 깨끗이 손질하여 가늘게 채친다. 대추는 씨를 발라내어 가늘게 채치고 밤은 껍질을 벗기고 얇게 저미면서 곱게 채를 친다. 잣은 고깔을 떼고 마른 행주로 비벼서 길이대로 반을 갈라서 비늘잣을 만든다.

시루나 찜통의 지름에 맞게 한지를 둥글게 오려서 칼집을 내고 솔로 기름을 고루 발라 기름종이를 만든다. 체에 내린 쌀가루에 꿀, 캐러멜 소스, 간장을 넣고 손으로 고루 비벼서 다시 체에 내리고 설탕을 고루 섞는다. 시루나 찜통의 밑에 기름종이를 깔고 떡가루를 고루 펴서 담고 준비해 두었던 석이, 대추, 밤의 채 고명과 비늘잣을 고루 뿌리고 위에도 기름종이를 덮어 살짝 눌러서 15분 정도 찐다. 잘 쪄서 한 김 나간 뒤에 기름종이를 떼고 적당한 크기로 썰어 목기나 접시에 담는다.

• 승검초편

재료 멥쌀가루, 물, 설탕, 승검초 가루, 석이버섯, 밤, 대추, 잣

조리법 쌀, 석이버섯, 대추, 밤, 잣의 조리는 꿀편과 똑같이 한다. 그런 다음 시루나 찜통의 지름에 맞게 한지를 둥글게 오려서 칼집을 내고 솔로 기름을 고루 발라서 기름종이를 만든다.

체에 내린 쌀가루에 물을 뿌려서 손으로 고루 비벼 다시 체에 내리고 승검초 가루와 설탕을 넣어 고루 섞는다. 시루나 찜통 밑에 기름종이를 깔고 떡가루를 고루 펴서 담고 위에 준비한 석이버섯, 대추, 밤의 채 고명과 비늘잣을 고루 뿌리고 위에도 기름종이를 덮어 살짝 눌러서 15분 정도 찐다. 잘 쪄지면 식힌 뒤에 기름종이를 떼고 적당한 크기로 썰어 목기나 접시에 담는다.

• 백편

재료 멥쌀가루, 물, 설탕, 석이버섯, 밤, 대추, 잣

조리법 쌀, 석이버섯, 대추, 밤, 잣의 조리는 꿀편과 같다. 그런 다음 시루나 찜통의 지름에 맞게 한지를 둥글게 오려서 칼집을 내고 솔로 기름을 고루 발라서 기름종이를 만든다. 또는 유선지를 같은 크기로 자른다.

체에 내린 쌀가루에 물을 뿌려서 손으로 고루 비벼 다시 체에 내리고 설탕 반컵을 고루 섞는다. 시루나 찜통 밑에 기름종이를 깐 다음 떡가루를 고루 펴서 담고 위에 준비한 석이버섯, 대추, 밤의 채 고명과 비늘잣을 고루 뿌리고 위에도 기름종이를 덮어 살짝 눌러서 15분 정도 찐다. 잘 쪄지면 한 김 식힌 뒤에 기름종이를 떼고 적당한 크기로 썰어 목기나 접시에 담는다

삼색단자

• 쑥굴리단자

재료 찹쌀가루, 쑥(데쳐서), 물, 거피팥, 꿀, 계핏가루

조리법 찹쌀을 불려서 가루로 하여 체에 내린다. 쑥은 연한 잎을 뜯어서 소금물에 데쳐 절구에 곱게 치대어 둔다. 거피팥은 충분

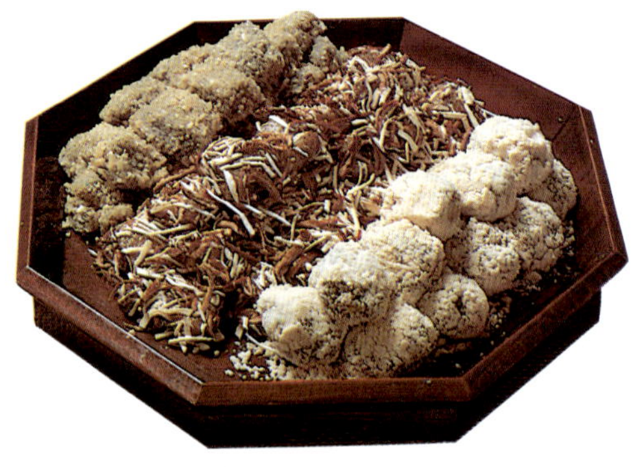

삼색단자 쑥굴리단자, 석이단자, 대추단자를 모아 놓은 것이다. 찹쌀가루에 각각 데친 쑥, 석이버섯, 대추를 이용하여 소를 넣고 고물을 묻힌 것으로 색과 향이 좋다.

히 불려서 껍질을 깨끗이 없애 찜통에 푹 무르게 쪄서 체에 거른 다음 소금을 넣어 고루 섞는다. 거피팥 고물 가운데 1컵을 따로 꿀과 계핏가루를 넣어 섞어서 뭉쳐 지름 2센티미터의 막대 모양으로 길게 빚는다.

찹쌀가루에 데친 쑥을 넣어 고루 비빈 뒤 물을 주어서 찜통에 젖은 행주를 깔고 찐다. 찐 떡을 절구에 치거나 분마기에 담아 방망이로 꽈리가 일 때까지 치대어 도마에 꿀을 바르고 떡을 쏟아서 두께 1센티미터, 폭 6센티미터로 갸름하게 펴놓는다. 펴놓은 떡을 다듬어서 막대 모양으로 만들고 손으로 끝에서부터 3센티미터 정도 끊어서 새알 모양으로 만들고 꿀을 발라 거피팥 고물을 고루 묻힌다.

• 석이단자

재료 찹쌀가루, 석이버섯, 물, 꿀, 잣가루

조리법 찹쌀을 불려서 가루로 하여 체에 내린다. 석이버섯은 뜨거운 물에 불려서 안쪽 손으로 비벼 이끼를 깨끗이 제거하고 물기를 닦아 꼭지를 뗀 다음 곱게 다진다. 석이버섯은 미리 손질하여 말렸다가 절구에 빻아서 가루를 준비하여 쓰면 편리하다. 쓸 때는 버섯과 같은 양의 더운 물에 불려서 쓰도록 한다.

찹쌀가루에 다진 석이버섯을 넣어 고루 비비고 물을 고루 뿌려서 찜통에 젖은 행주를 깔고 충분히 익도록 찐다. 잣은 고깔을 따서 도마에 종이를 깔고 곱게 다져서 고물을 준비한다. 쪄진 떡을 절구에 치거나 분마기에 담아 방망이로 꽈리가 일도록 치대어 도마에 꿀을 바르고 떡을 쏟아서 두께 1센티미터로 편다. 길이 3센티미터, 폭 2.5센티미터 정도 크기로 썰어서 잣가루를 고루 묻혀 그릇에 담는다.

• 대추단자

재료 찹쌀가루, 대추, 물, 꿀, 고물(밤, 대추)

조리법 찹쌀을 불려서 가루로 하여 체에 내린다. 대추는 씨를 발라내고 곱게 다져서 찹쌀가루에 섞어 고루 비빈다. 물을 뿌린 다음 손으로 고루 비벼 찜통에 젖은 행주를 깔고 찐다. 고물로 쓸 대추는 씨를 발라내고 밤은 속껍질을 벗겨서 각각 곱게 채로 쳐서 합하여 채 고명을 만든다.

쪄진 떡을 절구에 치거나 분마기에 담아 방망이로 꽈리가 일도록 치대어 도마에 꿀을 바르고 떡을 쏟아서 두께 1센티미터로 편다. 길이 3센티미터, 폭 2.5센티미터 정도 크기로 썰거나 또는 손에 꿀을 묻혀서 대추알 정도 크기로 떼어서 채 고명을 고루 묻힌다.

죽

장국죽

장국죽을 만드는 법은 세 가지가 있다. 먼저 쇠고기의 양지머리나 사태 등으로 맑은장국을 만들어서 쌀을 넣고 끓이는 법이 있고, 쇠고기를 곱게 채를 쳐서 쌀과 함께 참기름을 두르고 볶다가 물을 붓고 끓이는 방법이 있다. 또 쌀만으로 흰죽을 끓이다가 쇠고기를 다져서 양념하여 반대기나 완자를 빚어 넣어 끓이는 방법도 있다.

재료 쌀, 참기름, 물, 쇠고기(우둔), 표고버섯, 청장, 소금

완자 양념―간장, 다진 파, 마늘, 참기름, 후춧가루

조리법 쌀을 씻어서 물에 2시간 이상 충분히 불려서 소쿠리에 건져 물기를 뺀다. 쇠고기는 곱게 다지고 마른 표고버섯은 물에 불

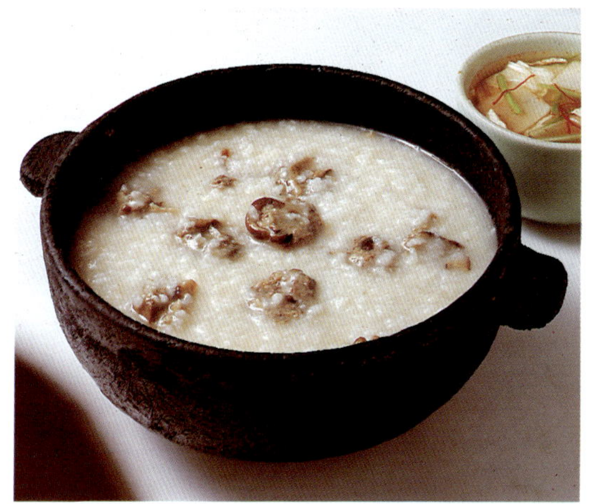

려서 곱게 채치고 완자 양념으로 고루 무쳐 지름 3센티미터 정도
의 동글납작한 고기 완자를 빚는다. 두꺼운 냄비에 참기름을 두르
고 쌀을 넣어 볶아 투명해지면 물을 부어 가끔 저으면서 끓인다.
한 번 끓어오르면 불을 약하게 줄여서 쌀알이 완전히 퍼질 때까지
서서히 끓이다가 고기 완자를 넣어 익혀서 맛이 잘 어우러지면 청
장이나 소금으로 간을 맞추어 더울 때 그릇에 담는다.

김치 · 장과

장김치

재료 배추 속대, 무, 간장, 배, 밤, 잣, 미나리, 갓, 석이버섯, 표고
버섯, 실고추, 흰파, 마늘, 생강, 설탕, 물

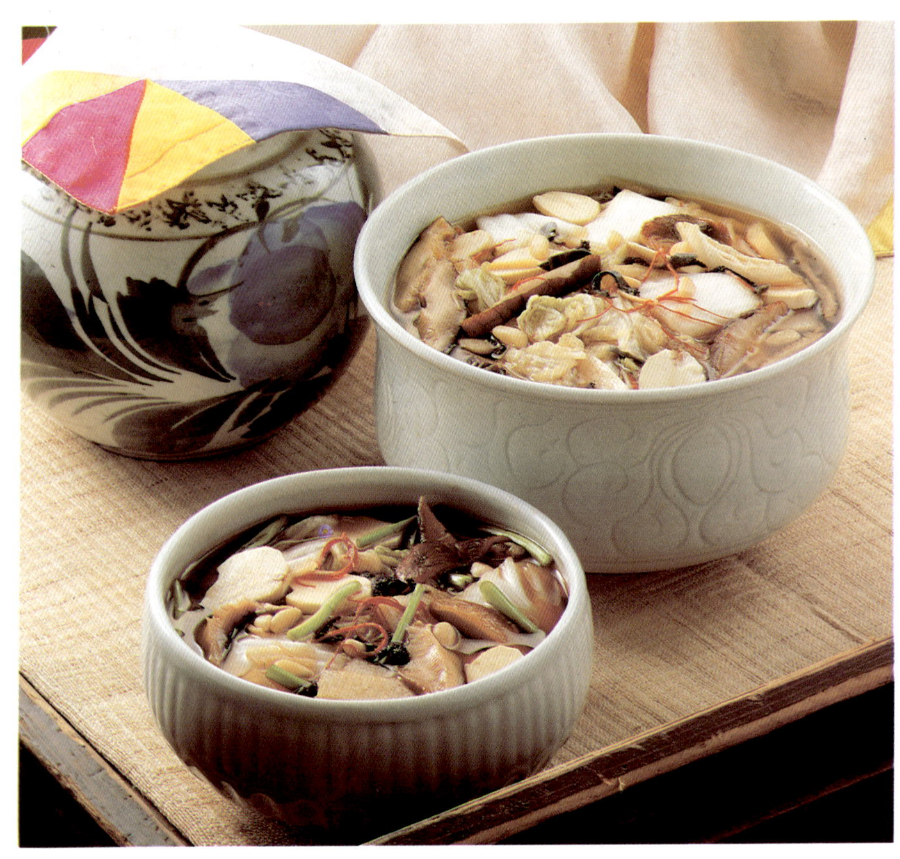

장김치 무, 배추를 간장에 절였다가 밤, 대추, 배, 잣, 표고버섯 등을 넣고 슴슴한 간장물로 김치국을 부어 만든 것으로 교자상 차림이나 떡국상에 어울리는 김치이다.

조리법 배추는 속이 찬 것을 골라서 겉잎은 떼고 속대만 씻어서 3센티미터 폭으로 썰어 간장을 부어서 절인다. 무는 길이 3센티미터로 토막을 내어 폭 2.5센티미터, 두께 0.5센티미터 크기의 네모꼴로 썰어서 배추가 어느 정도 절여져 숨이 죽으면 배추에 합하여 절인다. 도중에 가끔 뒤섞으면서 고루 간이 들도록 2시간 정도 절인다.

배는 껍질을 벗겨서 무와 같은 크기로 썰고 밤은 껍질을 벗겨서 납작납작하게 저며서 썰고, 잣은 고깔을 떼고 실고추는 길이 3센티미터로 끊는다. 미나리, 갓은 다듬어 씻어서 3센티미터 길이로 썬다. 표고버섯은 불리어 기둥을 떼고 석이버섯은 불려서 손질하여 가늘게 채를 친다. 흰파는 3센티미터로 토막을 내어 채를 치고 마늘, 생강도 가늘게 채친다.

무, 배추가 절여졌으면 간장물을 따라 내는데 이 간장에 물을 합하여 설탕으로 간을 맞추어 국물을 만든다. 절인 무, 배추에 준비한 고명과 양념을 넣어 살살 버무려서 항아리에 담고 간을 맞춘 장국을 부어서 익힌다. 이삼일 만에 익고 빨리 시어지므로 익으면 바로 냉장고에 넣어 차게 하여 열흘 이내에 먹도록 한다.

오이갑장과

오이를 씨를 빼고 막대 모양으로 썰어 소금에 절였다가 쇠고기, 표고버섯과 함께 볶아 급히 만든 장아찌로 오이숙장과라고도 한다.

재료 오이, 소금, 물, 쇠고기(우둔), 표고버섯, 식용유, 참기름, 깨소금, 실고추

고기 양념—간장, 설탕, 다진 파, 마늘, 후춧가루

조리법 오이는 4센티미터로 토막을 내어 길이대로 6 내지 8등분

하여 씨 부분을 도려 내고 막대 모양으로 썰어서 소금물에 한 시간 정도 절인다. 쇠고기는 연한 살코기를 결대로 곱게 채치고, 마른 표고버섯은 불려서 꼭지를 떼고 가늘게 채친다. 쇠고기와 표고버섯을 준비해 둔 고기 양념으로 고루 무친다.

오이가 절여졌으면 행주에 싸서 꼭 짜 물기를 뺀다. 번철이나 냄비에 기름을 두르고 먼저 양념한 쇠고기와 표고버섯을 넣어 볶다가 익으면 한쪽으로 모아 놓고 다시 기름을 더 둘러 오이를 넣고 센 불에서 볶아서 섞는다.

오이가 익으면 참기름, 깨소금, 실고추를 넣어 잠시 더 볶아서 넓은 그릇에 펴 식힌 뒤 그릇에 담는다.

구이 · 적 · 전

너비아니

쇠고기의 연하고 맛있는 부위인 등심 또는 안심에 간장 간을 하여 굽는 음식이다. 요즘은 흔히 불고기라 말하는데 고기가 너무 얇고 볶는 요리라 익으면 찢어진다. 그러나 원래는 넓적넓적하게 저며 잔칼질을 많이 하여 부드럽게 먹도록 한 것이다.

재료 쇠고기(등심 · 안심)

구이 양념장—간장, 배즙, 설탕, 다진 파, 마늘, 깨소금, 참기름, 후춧가루

조리법 쇠고기는 등심이나 안심의 연한 부위를 0.5센티미터 정도 두께로 썰어 잔칼집을 넣어 연하게 한다. 파, 마늘을 곱게 다지고 배는 갈아서 간장, 설탕, 참기름 등을 합하여 구이 양념장을 만

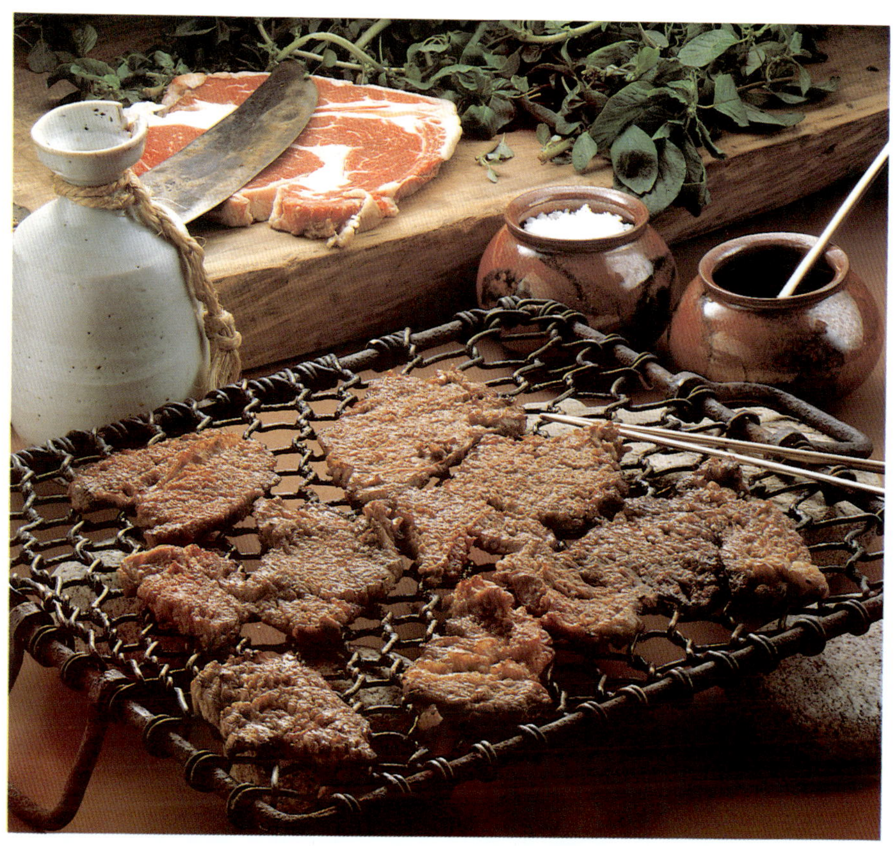

너비아니 쇠고기의 연하고 맛있는 부위인 등심 또는 안심을 도톰하게 저며 잔칼질해서 양념 간장
에 재웠다가 굽는다.

든다. 배가 없을 때에는 육수를 대신 넣어도 된다. 고기를 굽기 30분 전쯤에 구이 양념장으로 고루 주물러 간이 고루 배게 하여 둔다. 뜨겁게 달군 석쇠에 얹어서 양면을 고루 익혀 더울 때 바로 먹도록 한다. 숯불에 석쇠를 얹어서 직화로 굽는 방법이 번철에 굽는 것보다 훨씬 맛이 있다.

화양적

주재료가 없이 쇠고기와 도라지, 표고버섯, 달걀 등 오색 재료를 익혀서 꼬치에 편편하게 꿴 누름적으로 궁중에서 고임새에 쓰던 적이다. 가운데에 홍합초를 담는다.

재료　쇠고기(우둔), 마른 표고버섯, 통도라지, 당근, 오이, 달걀, 소금, 참기름, 파, 마늘

고기 양념장―간장, 설탕, 다진 파, 마늘, 깨소금, 참기름, 후춧가루

잣집―잣가루, 육수, 소금

조리법　쇠고기 살은 두께 0.7센티미터로 크게 적을 떠서 잔칼집을 많이 넣어 고기 양념장의 반 분량으로 재웠다가 번철에 지져 내어 6센티미터 길이의 막대 모양으로 썬다.

마른 표고버섯은 되도록 큰 것으로 골라서 물에 불린 뒤 0.8센티미터 폭으로 썰어 고기 양념장의 반량으로 고루 무쳐서 번철에 볶는다. 통도라지와 당근은 같은 크기로 썰어 소금물에 살짝 데쳐 내고 오이는 6센티미터로 토막을 내어 속을 잘라 내고 막대 모양으로 썰어 소금에 절였다가 물기를 짠다.

채소를 각각 소금, 참기름, 다진 파와 마늘로 양념하여 번철에 볶아서 바로 넓은 그릇에 펴서 식힌다. 달걀은 흰자와 노른자로 나누

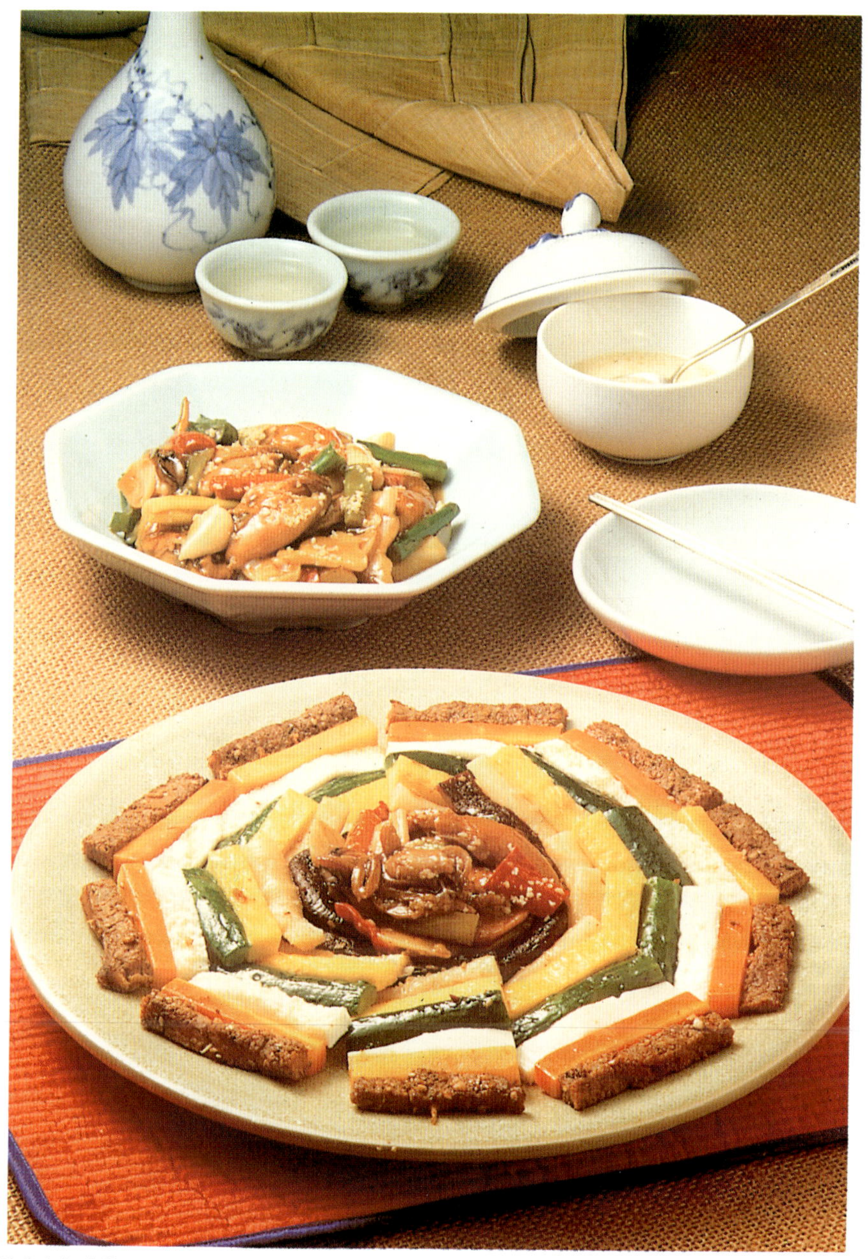

화양적과 홍합초 쇠고기, 도라지, 표고버섯, 달걀 등 오색 재료를 익혀서 편편하게 꿴 누름적으로 가운데에 홍합초를 담는다.

어 소금을 약간 넣고 0.7센티미터 두께로 두껍게 부쳐 다른 재료들
과 같은 크기로 썬다. 잣가루에 소금을 넣고 육수를 조금씩 부으면
서 저어 뽀얀 잣집을 만든다. 가는 대꼬치에 준비한 재료들을 색맞
추어 꿰어서 접시에 돌려 담고 잣집을 위에 고루 바른다.

김치적
재료 배추김치, 쇠고기, 마른 표고버섯, 통도라지, 밀가루, 달걀
고기 양념장—간장, 설탕, 파, 마늘, 깨소금, 참기름, 후춧가루
초장—간장, 식초, 설탕
조리법 통배추김치의 소를 털어 내고 줄기만을 길이 7센티미터,

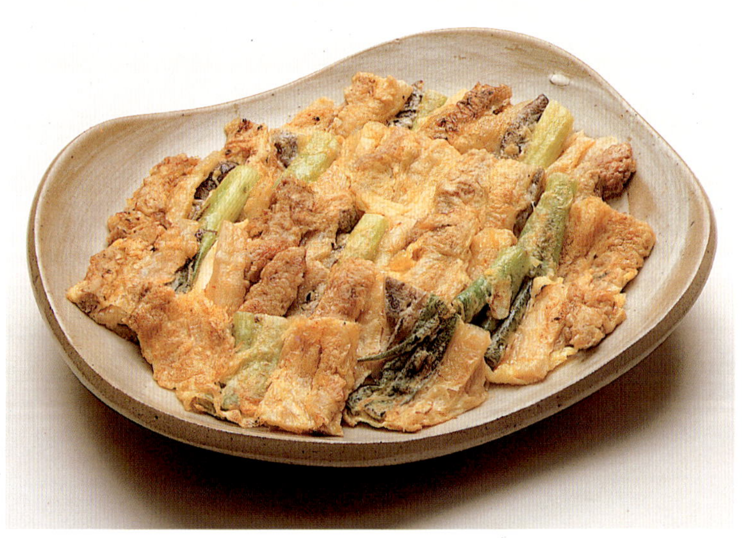

김치누름적 배추김치, 쇠고기, 표고버섯, 도라지를 대꼬치에 끼워 만든 것으로 식
기 전에 대꼬치를 빼고 길이를 2, 3등분 하여 초장을 곁들여 낸다.

폭 1.5센티미터로 길게 썰어 참기름에 고루 무친다. 쇠고기는 0.7센티미터 두께의 적감으로 떠서 잔칼질하여 김치와 같은 폭으로 길이만 약간 길게 썬다. 마른 표고버섯은 큰 것으로 골라 불려서 1센티미터 폭으로 썰어 고기 양념장으로 고기와 표고에 나누어 양념한다.

통도라지는 삶아서 반으로 갈라 김치와 같은 길이로 썰어 참기름과 소금으로 무친다. 준비한 김치와 그 밖의 재료들을 길이 8센티미터 정도의 대꼬치에 번갈아 끼워 밀가루를 묻힌 뒤 잘 푼 달걀을 씌워 기름에 지진다. 꼬치에 끼울 때 김치는 많이 끼우는 것이 좋고 속이 익도록 중불 이하에서 서서히 지진다. 식기 전에 대꼬치를 빼고 길이를 2, 3등분 하여 접시에 담고 초장을 만들어 곁들여 낸다.

내장전
• 처녑전
소의 위인 처녑을 깨끗이 손질하여 전을 지진 것으로 씹히는 맛이 특이하다.

재료 소의 처녑, 소금, 후춧가루, 달걀, 밀가루, 지짐 기름

초장—간장, 식초, 물, 잣가루

조리법 처녑은 한 잎씩 떼어서 소금을 뿌려 잘 주물러서 깨끗이 씻어 채반에 건져 물기를 뺀다. 처녑이 질기지 않도록 칼로 자근자근 두드려서 후춧가루를 고루 뿌린다. 달걀은 깨뜨려서 그릇에 담아 고루 푼다. 처녑에 밀가루를 얇게 묻힌 다음 푼 달걀에 담그었다가 건져서 번철에 기름을 두르고 양면을 노릇하게 지진다. 초장을 만들어 곁들여 낸다.

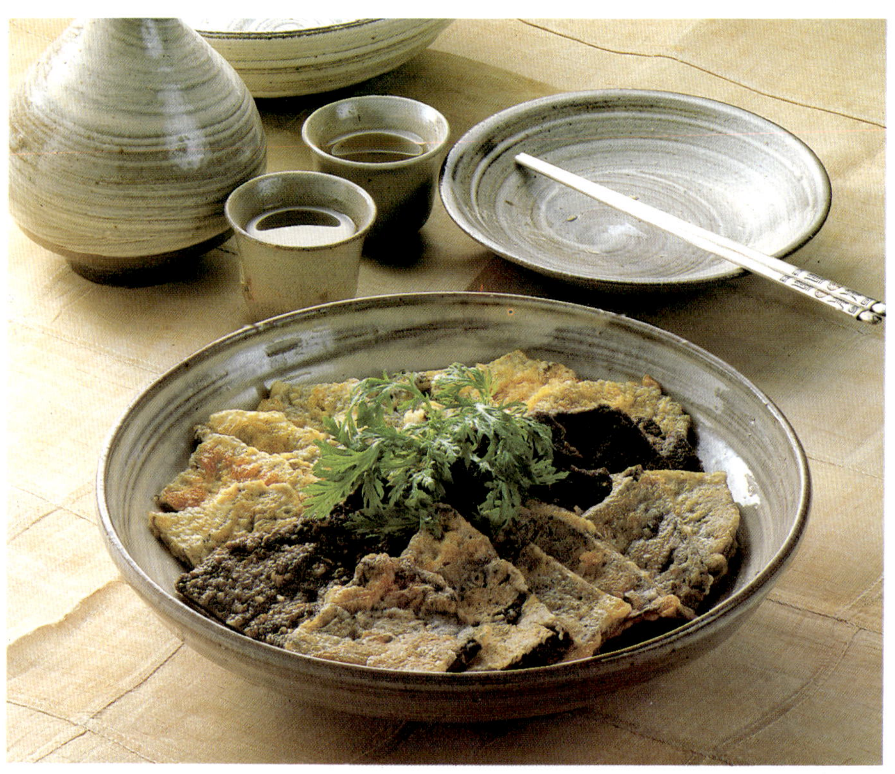

내장전 소의 위인 처녑과 허파인 부아, 그리고 간을 손질하여 전을 지져 낸 것이다. 그 가운데 간은 메밀가루를 묻혀 지지는 것이 특징이다.

• 간전

싱싱한 간에 메밀가루를 입혀서 지진 음식이다. 조선조 궁중의 특별한 요리법으로 간의 누린내가 나지 않는다. 민가에서는 덩어리째 삶거나 날로 얇게 저며서 밀가루, 달걀의 순으로 보통 전처럼 지지기도 한다.

재료 쇠간, 소금, 후춧가루, 메밀가루, 깨소금, 지짐 기름

조리법 쇠간은 얇은 막을 벗기고 힘줄이나 기름을 발라내어 한 입에 먹기 알맞은 0.6센티미터 정도의 두께로 포를 뜬다. 소금을 고루 뿌려 주물러서 물에 헹구어 핏물을 빼고 채반에 건져 물기를 거둔다. 간에 후춧가루를 고루 뿌리고 메밀가루와 깨소금을 섞어서 버무린다. 뜨겁게 달군 번철에 기름을 넉넉히 두르고 양면이 완전히 익도록 지진다. 마지막으로 초장을 만들어 곁들여 낸다.

- 부아전

재료 부아(소의 허파), 소금, 후춧가루, 달걀, 밀가루, 지짐 기름

조리법 부아는 덩어리째 씻어서 끓는 물에 넣어 속까지 완전히 익도록 도중에 대꼬치로 가끔 찔러 주면서 삶는다. 부아를 한입에 먹기 알맞은 0.5센티미터 정도의 두께로 포를 떠서 질기지 않도록 칼로 자근자근 두드리고 소금과 후춧가루를 고루 뿌린다. 달걀은 깨뜨려서 그릇에 담아 잘 푼다. 부아에 밀가루를 얇게 묻힌 뒤 푼 달걀에 담그었다가 건져서 번철에 기름을 두르고 양면을 노릇하게 지진다. 초장을 만들어 곁들여 낸다.

찜 · 선

사태찜

찜은 양념하여 끓이는 형태의 찜과 증기로 쪄내는 찜으로 나눌 수 있다. 갈비나 사태 등 질긴 육류는 채소를 보태어 장시간 끓여 부드럽게 만들고 생선, 새우, 조개 등 조직이 연한 것은 찜통에 담아 찐다.

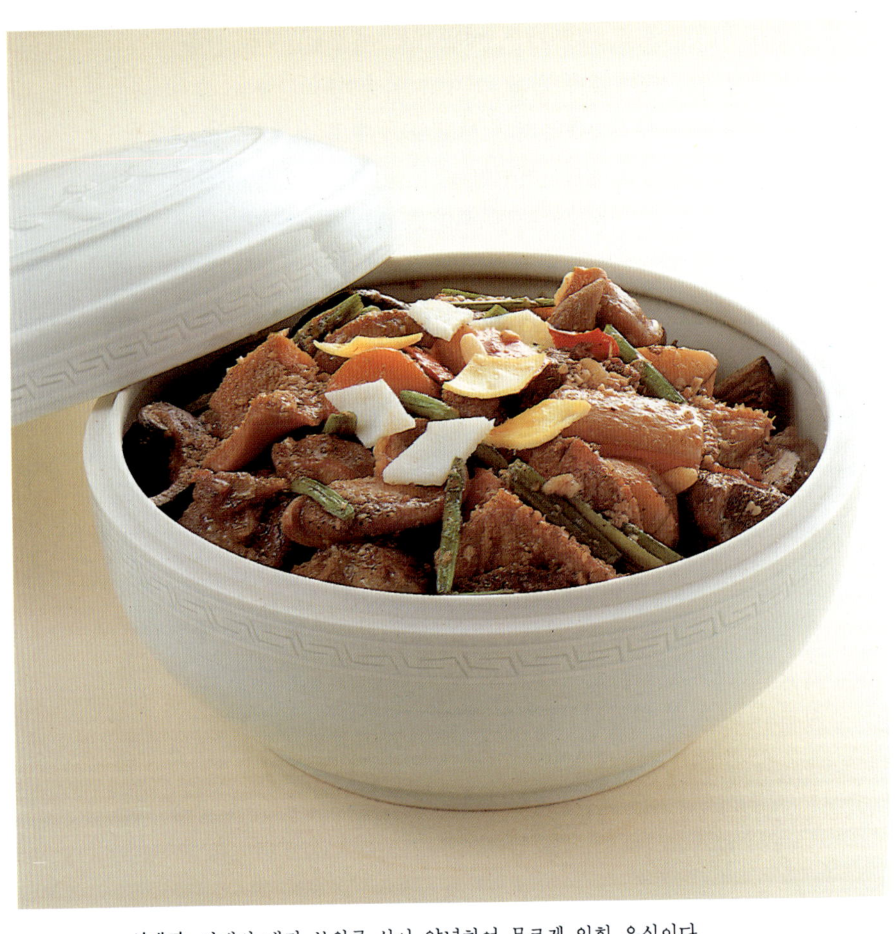

사태찜 사태와 내장 부위를 삶아 양념하여 무르게 익힌 음식이다.

재료 쇠고기(사태), 소의 양·곱창, 무, 표고버섯, 미나리, 잣, 다
홍고추, 달걀
　찜 양념장―간장, 배, 설탕, 파, 마늘, 참기름, 깨소금, 후춧가루

조리법 사태는 덩어리째 찬물에 담그어 핏물을 빼서 건져 끓는 물에 넣어 삶는다. 양은 되도록 두꺼운 부위로 골라서 굵은 소금으로 문질러 씻고 끓는 물에 넣었다 건져서 칼등으로 검은 막을 벗기고, 곱창은 흰 기름을 떼어서 사태 삶은 것과 함께 삶는다. 무는 고기가 반 이상 무르면 통째로 넣어 덜 무르게 삶는다.

표고버섯은 물에 불려서 꼭지를 떼고 밤은 속껍질까지 깨끗이 벗겨 놓고 잣은 고깔을 뗀다. 삶은 고기와 무를 약 3센티미터 정도로 토막을 내고 밤과 표고를 한데 합하여 찜 양념장으로 고루 버무려서 냄비에 안친다. 재료가 잠길 정도로 육수를 부어 중불에서 서서히 끓인다. 다홍고추는 씨를 빼고 어슷하게 썰고, 달걀은 황백으로 나누어 지단을 부쳐서 완자 모양으로 썰며 미나리는 짧게 자른다. 국물이 거의 졸아들고 간이 고루 배면 미나리와 고추를 넣어 잠시 더 끓이다가 더울 때에 그릇에 담고 지단과 잣을 얹어 낸다.

대하찜

재료 대하, 소금, 쇠고기(사태), 오이, 삶은 죽순, 소금, 흰후추, 식용유

잣집―잣가루, 육수, 소금, 흰후추, 참기름

조리법 큰 새우는 껍질째 깨끗이 씻어 등쪽의 내장을 꼬치로 빼고 소금을 뿌려 찜통에 7, 8분 정도 찐다. 새우가 익으면 머리를 떼고 껍질을 벗겨 어슷하게 3센티미터 폭으로 저며 썬다. 사태는 미리 삶아서 편육을 만들어 납작납작하게 썬다. 오이는 길이로 반을 갈라 어슷하고 도톰하게 썰어서 소금에 절였다가 물기를 꼭 짠다.

삶은 죽순은 반 갈라 빗살 모양으로 얇게 썰어서 소금과 흰후추로 간하고 기름에 볶아 넓은 그릇에 펴서 식힌다. 도마에 넓은 종

이를 펴고 잣을 곱게 다져서 잣가루를 만든다. 잣집을 만들어서 준비한 재료를 한데 담고 소금과 흰후추를 살짝 뿌린 다음 잣집을 넣어 가볍게 무친다.

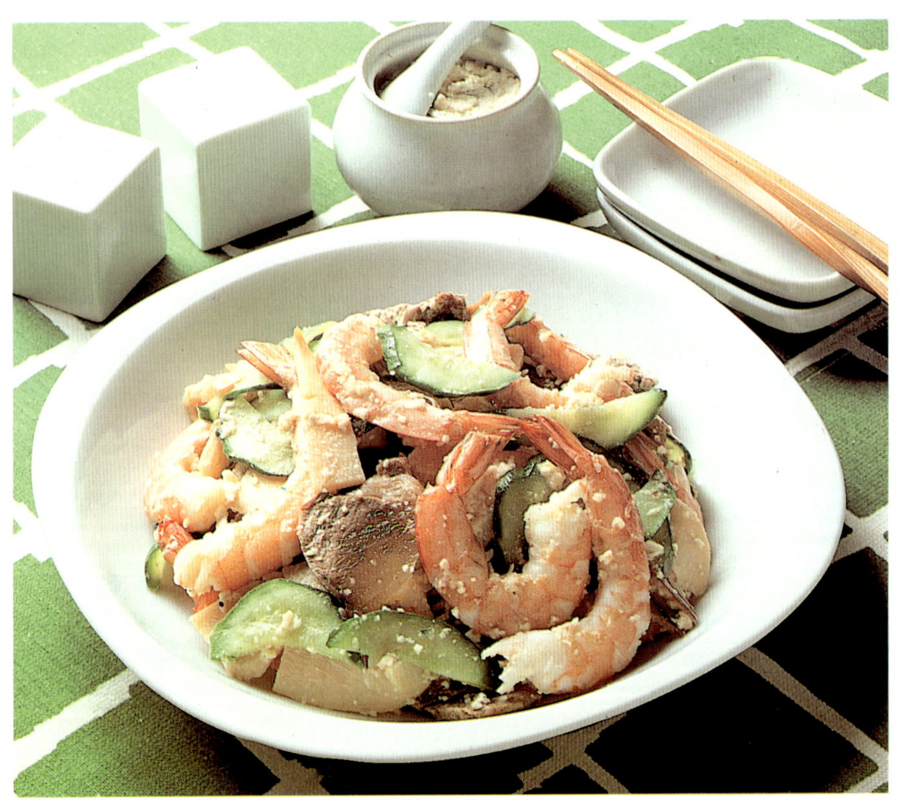

대하찜 새우와 담백한 맛의 죽순, 오이와 합하여 잣집으로 고소하게 무친 음식이다.

오이선

오이를 토막 내어 어슷하게 칼집을 넣고 사이에 쇠고기, 달걀 지단 등을 채워서 단촛물을 끼얹어 만드는 산뜻한 맛의 채소 음식이다. 여러 가지 음식을 차례로 대접할 때 전채 음식으로 알맞다.

재료 오이, 쇠고기(우둔), 표고버섯, 달걀, 실고추, 소금물

고기 양념—간장, 설탕, 마늘, 다진 파, 참기름, 깨소금, 후춧가루

단촛물—식초, 물, 설탕, 소금

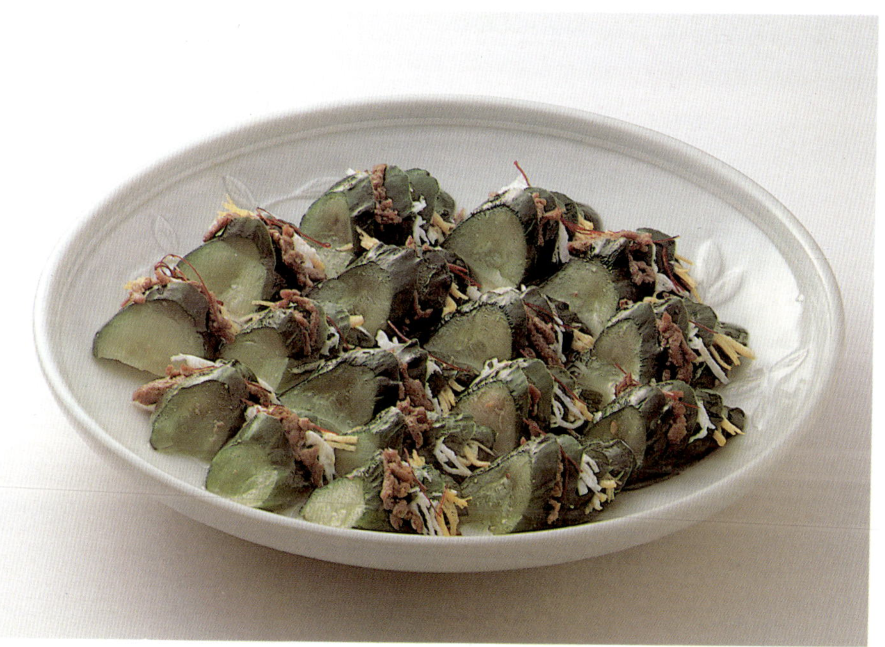

오이선 오이에 칼집을 넣고 사이에 쇠고기, 달걀 지단 등으로 색스럽게 채워 단촛물을 끼얹어 만든 산뜻한 맛의 채소 음식이다.

조리법 오이는 가늘고 연한 것으로 골라 길이로 반을 갈라서 껍질 쪽에 1센티미터 간격으로 비스듬히 칼집을 세 번 넣고 네 번째에서 끊어 4센티미터 정도의 길이로 토막을 내어 진한 소금물에 담그어서 절인다. 오이가 절여지면 물에 헹구어 건져 내고 행주에 싸서 눌러 물기를 짠다.

쇠고기 살은 곱게 채치고 표고는 불려서 곱게 채친 다음 합하여 고기 양념에 무쳐서 번철에 볶아 내어 식힌다. 달걀은 황백으로 나누어 지단을 부친 뒤 2센티미터 길이로 곱게 채친다. 번철을 달구어 기름을 두르고 절인 오이를 넣어 센 불에서 재빨리 볶아 바로 넓은 그릇에 펴서 식힌다. 오이의 칼집 사이에 황색 지단, 백색 지단, 볶은 쇠고기와 표고를 한 칸씩 채워 넣고 실고추는 흰 지단에 한 가닥씩 끼워서 그릇에 가지런히 담는다. 단촛물을 만들어서 상에 내기 직전에 고루 끼얹어 낸다.

두부선

두부를 곱게 으깨어 담백한 맛의 닭살과 표고버섯 등을 섞어서 양념하여 고른 두께로 찜통에 쪄낸 것이다.

재료 두부, 닭고기, 표고버섯, 석이버섯, 달걀, 잣, 실고추, 겨자장
찜 양념장—소금, 설탕, 다진 파, 마늘, 참기름, 깨소금, 후춧가루

조리법 닭고기는 살만을 발라서 곱게 다진다. 두부를 행주에 싸서 무거운 것으로 눌러 물기를 뺀 다음 도마에 놓고 한쪽 끝에서부터 칼을 눕혀서 으깨어 체에 곱게 내린다(으깨서 물기를 뺀다). 표고버섯은 불려서 기둥을 떼고 석이버섯은 불려서 비벼 깨끗이 손질하여 채친다(다져서 두부와 섞는 방법도 있다). 실고추는 3센티미터 길이로 끊어 놓고 잣은 고깔을 떼고 길이로 반을 갈라서

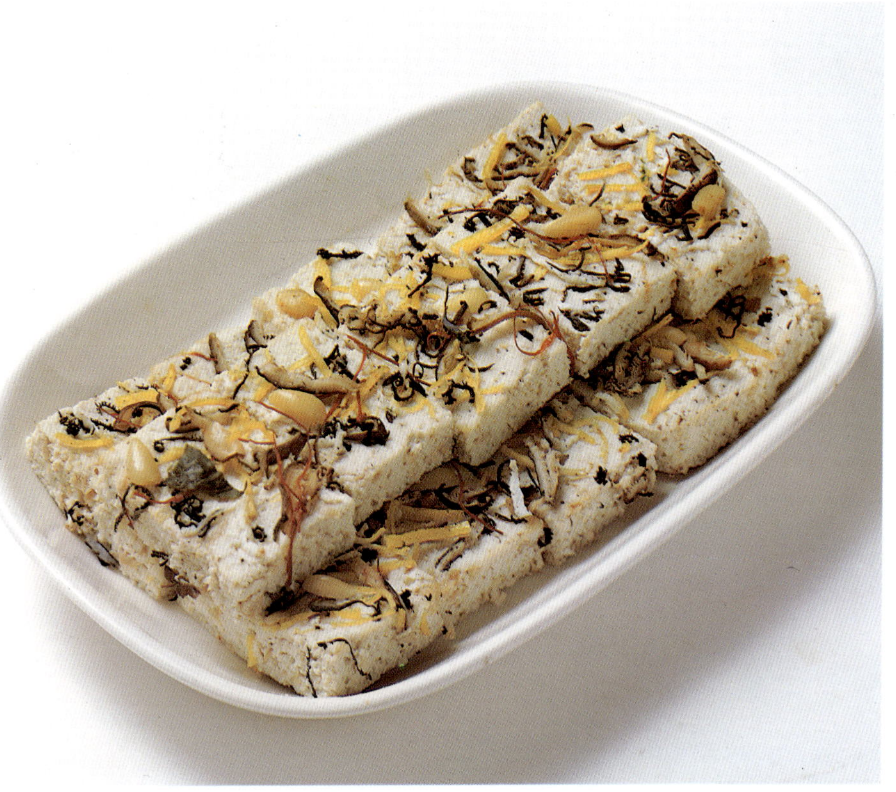

두부선 두부, 닭살, 표고버섯 등을 섞어 양념하여 고른 두께로 찜통에 쪄낸 것이다.

비늘잣을 만든다. 달걀은 황백으로 나누어서 지단을 부치고 채로 썬다.

두부와 고기를 섞어 찜 양념을 넣어 고루 섞는다. 젖은 행주를 펴고 양념한 두부를 1센티미터 두께로 고르게 펴서 네모난 반대기를 만들고 위에 표고버섯, 석이버섯, 지단, 실고추, 비늘잣을 고루 얹고 위에도 젖은 행주를 덮어 살짝 누른다. 찜통에 넣어 10분 정도 쪄 한 김 식힌 뒤 네모지게 썰어 초장과 겨자장을 곁들인다.

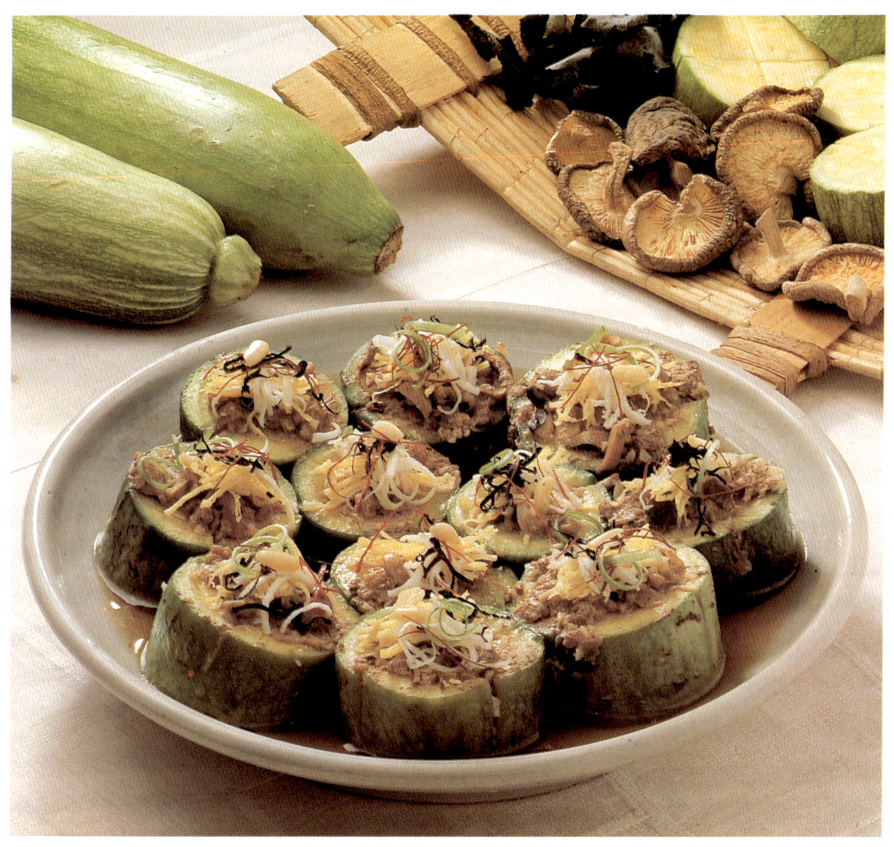

호박선 호박의 가운데에 양념한 고기를 채우고 장국에 끓여 낸 음식으로 달걀 지단채와 실고추를 얹어 겨자장과 같이 먹어야 맛있다.

호박선

재료　호박, 소금물, 쇠고기, 표고버섯, 달걀, 실고추, 간장, 설탕, 육수, 겨자장

고기 양념—간장, 설탕, 다진 파, 마늘, 참기름, 깨소금, 후춧가루

조리법　호박은 가늘고 연한 것으로 골라 4센티미터 정도의 길이로 잘라서 가운데를 파서 소금물에 담가 놓는다. 쇠고기는 살을 곱게 다지고, 표고버섯은 불려서 곱게 채쳐 합하여 고기 양념장으로 고루 무친다.

절인 호박을 마른 행주로 싸서 물기를 닦고 가운데에 양념한 쇠고기와 표고버섯을 채워 넣는다. 달걀은 황백으로 나누어 지단을 부쳐 곱게 채로 썬다. 냄비에 간장, 설탕과 육수 또는 물을 담아 불에 올려 끓어오르면 소를 채운 호박을 나란히 놓고 끓인다. 도중에 불을 줄이고 가끔 국물을 끼얹어서 간이 고루 들도록 한다. 호박이 연하게 익으면 그릇에 담고 달걀 지단채와 실고추를 얹는다.

채 · 초

구절판

재료　쇠고기(우둔), 표고버섯, 오이, 당근, 석이버섯, 숙주, 달걀, 잣가루, 소금, 후춧가루, 샐러드유, 참기름

고기 양념장—간장, 설탕, 다진 파, 마늘, 참기름, 깨소금, 후춧가루

밀전병 반죽—밀가루, 소금, 물

겨자장—겨잣가루, 식초, 설탕

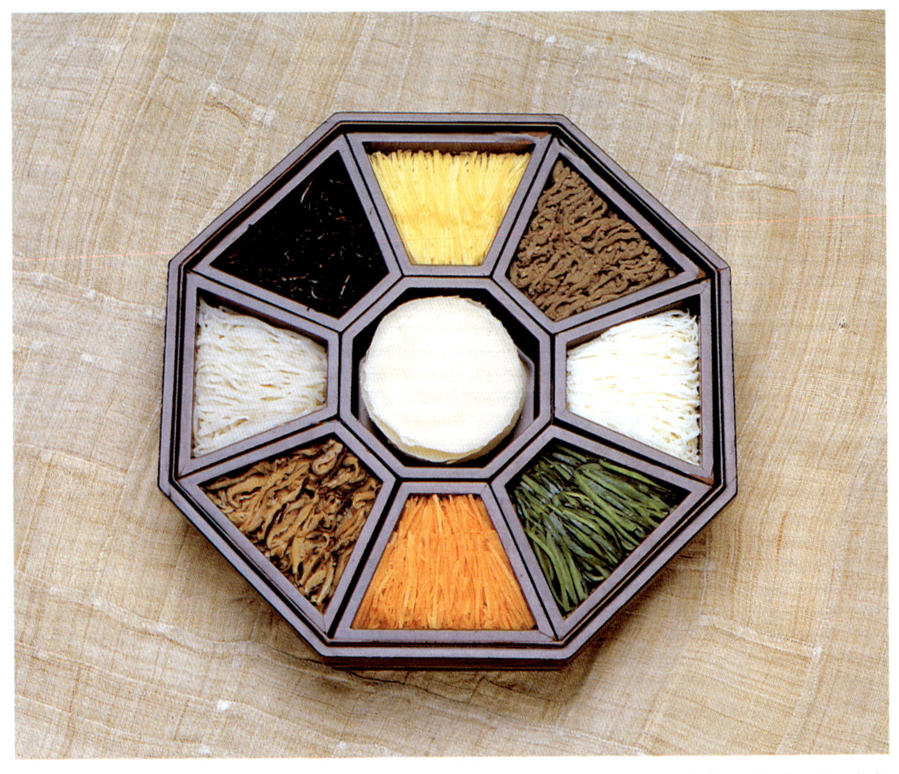

구절판 구절판 틀 위에 준비한 여덟 가지 음식을 담고 가운데는 밀전병을 얇게 부쳐 담는다. 밀전병에 재료를 조금씩 넣고 겨자장과 함께 싸서 먹는다.

초장—간장, 식초, 물

조리법 쇠고기 살은 결을 따라서 길이로 가늘게 채치고, 표고버섯은 물에 불려서 기둥을 떼어 내고 얇게 저민 다음 곱게 채쳐 고기 양념장을 만들어서 각각 나누어 고루 무친다.

오이는 4센티미터 길이로 토막을 내어 돌려가면서 얇게 벗겨 가늘게 채쳐 소금에 절여서 물기를 꼭 짠다. 당근은 4센티미터 길이로 가늘게 채치고 숙주는 머리와 꼬리를 다듬는다. 석이버섯은 더운 물에 불려서 손으로 비벼 안쪽의 이끼를 깨끗이 없애고 겹쳐서 말아 가늘게 채친다. 오이, 당근, 숙주, 석이버섯은 각각 참기름, 소금, 후춧가루로 양념하여 번철에 기름을 두르고 볶아 펴서 식힌다.

달걀을 황백으로 나누어 소금을 약간 넣고 잘 풀어서 지단을 얇게 부쳐 4센티미터 길이로 가늘게 채로 썬다. 밀가루에 소금을 넣고 물을 조금씩 부으면서 묽게 풀어서 체에 거른다. 잘 길들여진 번철에 기름을 조금 두르고 밀가루 푼 것을 큰술 하나씩 떠서 구절판의 가운데 칸에 알맞는 크기로 밀전병을 얇게 부친다. 밀전병을 뒤집어서 뒷면도 살짝 익힌 뒤 채반에 꺼내어 식혀서 여러 장을 겹쳐 가운데 담는다. 구절판 틀의 둘레 칸에 위에서 준비한 여덟 가지를 같은 색끼리 마주보도록 담고 작은 그릇에 따로 겨자집과 초장을 담는다. 밀전병 위에 여러 재료를 놓고 초장이나 겨자장을 넣어 싸서 먹는다.

어채

흰살 생선인 민어, 광어, 도미 등의 횟감을 끓는 물에 살짝 익힌 매끄러운 맛의 숙회이다.

재료 민어(흰살 생선), 오이, 다홍고추, 표고버섯, 석이버섯, 달걀, 소금, 지짐 기름, 녹말가루

초고추장 양념—고추장, 간장, 식초, 설탕, 생강즙, 잣가루

조리법 민어는 물이 좋은 것으로 골라서 비늘을 긁고 내장을 뺀다. 살만 두 장으로 넓게 떠서 껍질을 벗기고 납작납작하게 저민다. 마늘과 생강은 갈아서 즙을 내어 넣고 양념 초고추장을 만든다. 달걀은 황백으로 나누어 풀고 얇은 지단으로 부쳐서 폭 2센티미터, 길이 3센티미터로 썬다. 오이와 다홍고추는 폭 2센티미터, 길이 3센티미터로 썰고 표고버섯과 석이버섯은 불려서 손질하여 오이와 비

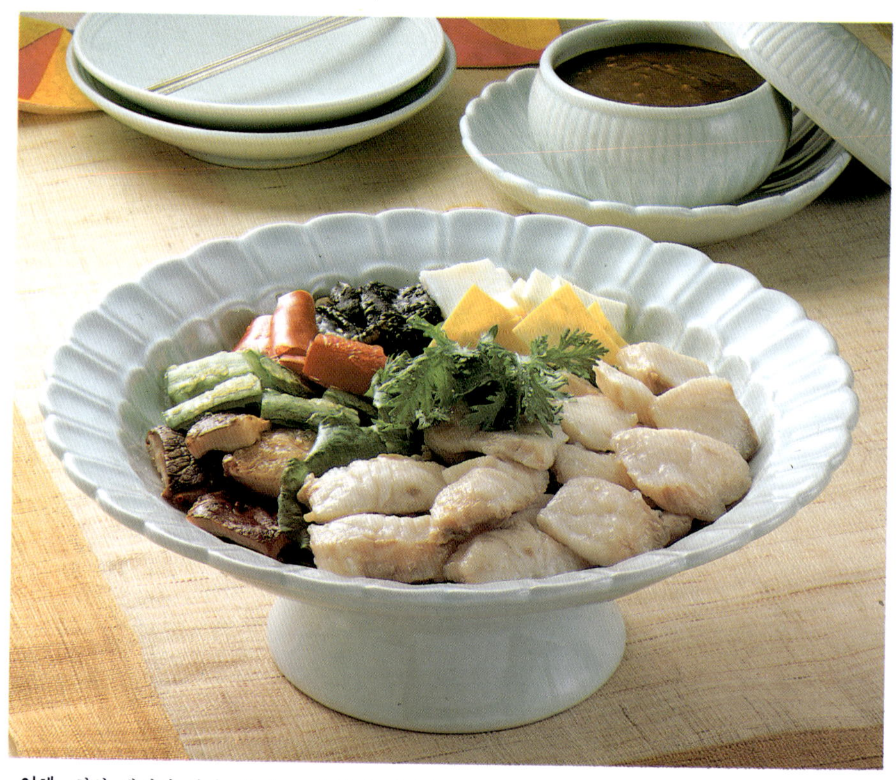

어채 흰살 생선인 민어, 광어, 도미 등의 횟감에 녹말을 묻히고 끓는 물에 살짝 데쳐 매끄러운 맛으로 먹는 술안주이다.

숫한 크기로 썬다. 냄비에 물을 넉넉히 넣어 끓여서 소금을 약간 넣고 준비한 재료들에 녹말가루를 묻혀 바로바로 데쳐서 찬물에 헹구어 건져 낸다. 접시에 채소와 생선살을 보기 좋게 돌려 담고 초고추장은 따로 작은 그릇에 담아 잣가루를 뿌려서 낸다.

삼합장과

전복, 해삼, 홍합의 세 가지 조개류를 쇠고기와 함께 달게 조린 장과로 재료가 호화로운 만큼 맛도 훌륭하다. 옛날에는 전복과 홍합 말린 것을 불려서 썼으나 요즈음에는 구하기도 어렵고 손질하기 힘들어 날것을 쓰는데 맛이 훌륭하다. 해삼은 반드시 마른 것을 불려서 써야 한다. 생해삼은 회로만 먹을 수 있는데 가열하면 모양이 녹아 버려 볼품이 없기 때문이다.

재료 생홍합, 생전복, 불린 해삼, 쇠고기(우둔), 흰파, 마늘, 생강, 참기름, 잣가루

고기 양념—간장, 설탕, 후춧가루

조림 양념장—간장, 물, 설탕, 후춧가루

조리법 쇠고기는 연하고 기름기가 없는 우둔살로 납작납작하게 저며 고기 양념에 무친다. 홍합은 크고 신선한 것을 골라 털과 얇은 막을 없애고 끓는 물에 삶아 내며 크면 2, 3등분 한다. 전복은 껍질째 솔로 깨끗이 씻고 살의 검은 막은 소금으로 문질러 씻어 찜통에 살짝 쪄서 내장을 떼어 내고 얇게 저민다. 불린 해삼은 내장을 빼고 씻어 어슷하게 저며서 썬다. 흰파는 다듬어서 길이 3센티미터로 토막 내고 마늘과 생강은 얇게 저며서 썬다.

냄비에 조림 양념장을 넣고 불에 올려 끓어오르면 먼저 양념한 쇠고기를 넣어 조린다. 쇠고기가 익으면 후춧가루를 뿌리고 준비한

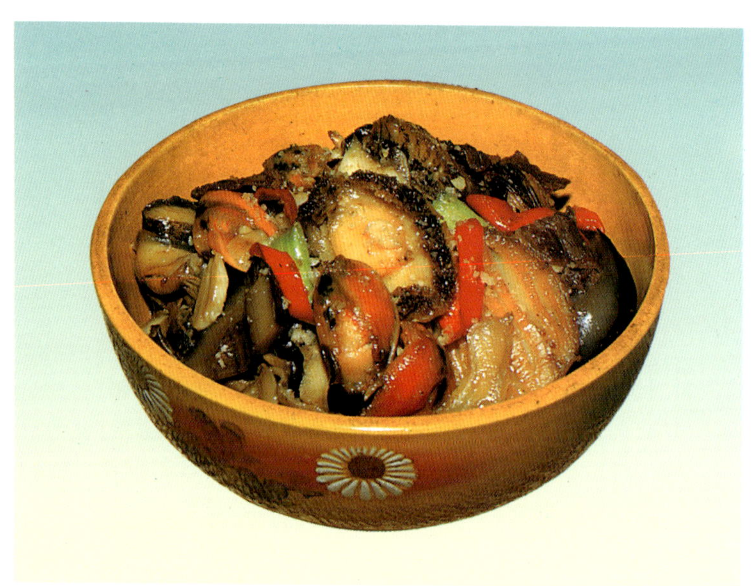

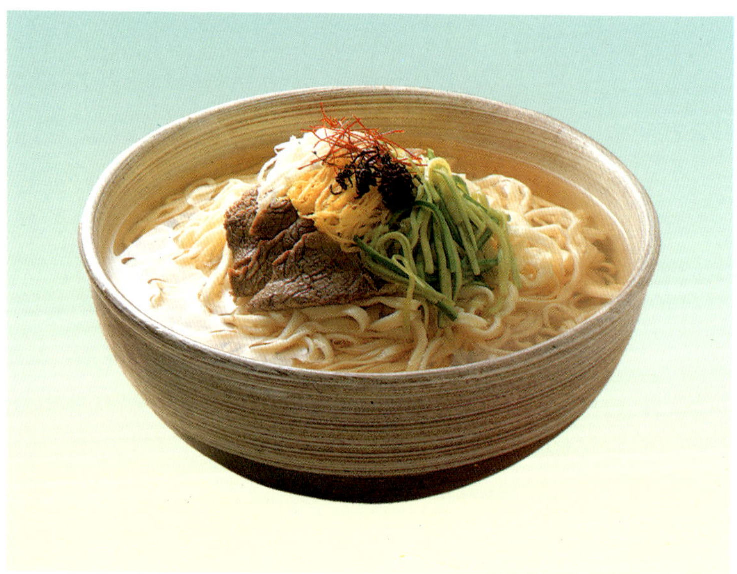

삼합장과 전복, 해삼, 홍합의 세 가지 조개류를 쇠고기와 함께 달게 조린 장과로
재료가 호화로운 만큼 맛도 훌륭하다.(맨 위)
난면 밀가루를 달걀물로 반죽하여 난면이라 부르는데 부드럽고 약간 노른빛이 난
다.(위)

해물을 넣어 고루 간이 배도록 가끔 뒤섞으면서 서서히 조린다. 국물이 거의 졸아들면 참기름을 넣어 고루 섞은 다음 그릇에 담고 잣가루를 뿌린다.

면 · 만두

난면

밀가루를 달걀물로 반죽하므로 난면이라 부르는데 부드럽고 약간 노른빛이 난다. 젖은 국수라서 장국에 직접 끓이는 제물국수도 되고 온면처럼 국수를 따로 삶아 장국을 따로 붓고 고명을 올리는 법으로도 한다.

재료 밀가루, 달걀(반죽용), 쇠고기(양지머리), 물, 호박, 석이버섯, 달걀(지단용), 실고추, 소금, 청장, 식용유

조리법 밀가루에 소금을 넣어 체에 내린 뒤 달걀을 풀어 넣고 치대어 반죽하여 젖은 보에 싸 놓는다. 양지머리는 끓는 물에 덩어리째 넣어 속까지 무르도록 삶는다. 꼬치로 찔러 보아 잘 들어가면 고기는 식혀 얇게 썰고, 고기장국은 청장으로 간을 맞춘다. 호박은 채쳐서 소금에 절였다가 꼭 짜 기름에 파랗게 볶는다. 석이버섯은 뜨거운 물에 불렸다가 깨끗이 비벼 씻어 채친다.

달걀은 황백으로 얇게 지단을 부쳐 채를 친다. 반죽은 덧가루를 뿌리면서 얇게 밀어 가늘게 채를 친다. 채친 국수를 넉넉한 끓는 물에 삶아서 찬물에 헹궈 건진다. 그릇에 국수를 담고 위에 볶은 호박, 석이버섯채, 지단채, 실고추를 얹은 뒤 뜨거운 장국을 붓는다.

미만두(규아상)

규아상은 일명 미만두라고도 하는 궁중의 여름철 찐만두이다. 소의 재료는 오이, 표고버섯, 쇠고기이며 해삼 모양처럼 빚는다. 찜통 밑에 담쟁이덩굴 잎을 깔고 쪄낸 뒤 접시에 담을 때 새 잎을 깔면 신선해 보여서 만두로는 모양도 일품이다. 소의 재료가 모두 익힌 것이므로 잠깐만 쪄도 된다. 소에 넣는 잣은 길이를 반으로 가른 비늘잣으로 하여 넣는다.

재료 밀가루, 쇠고기(우둔), 표고버섯, 오이, 소금, 식용유, 잣, 담쟁이덩굴 잎

고기 양념—간장, 설탕, 다진 파, 마늘, 깨소금, 참기름, 후춧가루

초간장—간장, 식초, 잣가루

조리법 밀가루에 소금물을 넣고 반죽하여 30분 정도 두었다가 치대어 얇게 밀어서 지름 8센티미터의 둥근 모양으로 떠서 만두피를 만들어 녹말가루를 묻혀 붙지 않게 한다. 마른 표고버섯은 불려서 가늘게 채치고, 쇠고기는 살만 곱게 다진 다음 준비한 재료를 합하여 고기 양념에 무쳐 번철에 볶아서 접시에 펴 식힌다. 오이는 5센티미터 길이로 토막 내어 가운데 씨 부분을 남기고 껍질과 살을 계속 돌려 깎아 채친다. 오이채를 소금에 절였다가 꼭 짜서 기름을 두르고 재빨리 볶아 내어 식힌다.

볶은 고기와 오이와 잣을 합하여 고루 섞어 소를 만든다. 만두피를 평평한 데에 놓고 가운데에 갸름하게 소를 놓고 양쪽 자락의 맞닿는 부분을 붙이고 양끝을 삼각지게 하여 해삼처럼 등에 주름을 잡아 빚는다. 찜통에 젖은 행주를 깔고 만두를 겹치지 않게 놓고 5분 정도 찐다. 담쟁이덩굴 잎을 접시에 깐 뒤 찐만두를 위에 담고 작은 그릇에 초간장을 따로 담아 곁들여 낸다.

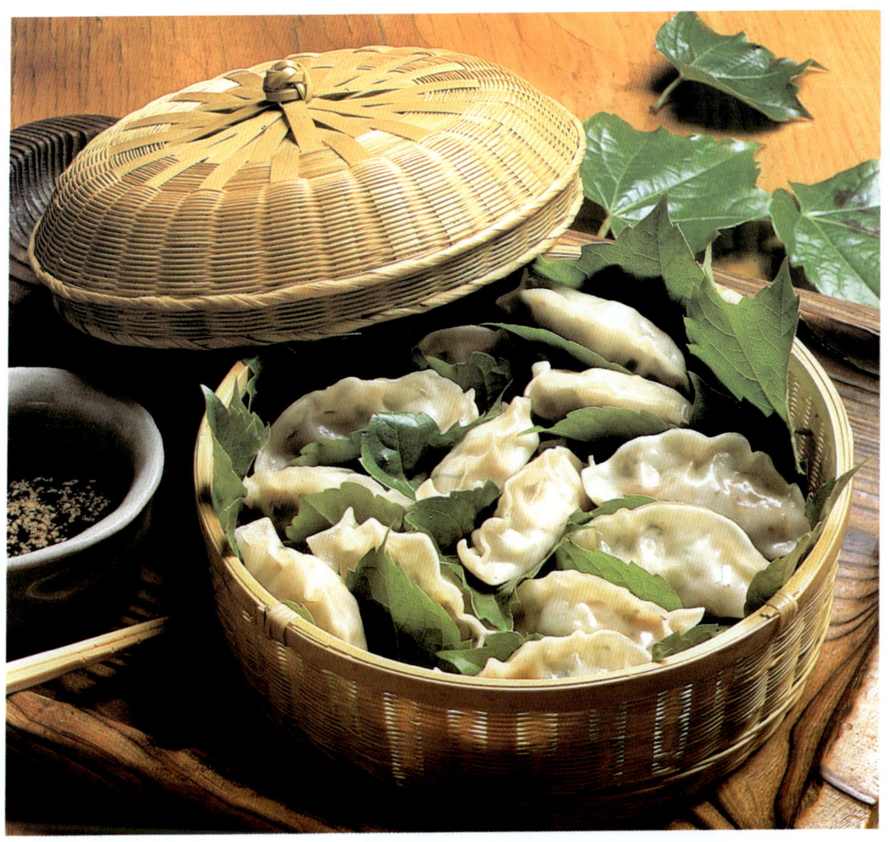

미만두 여름철에 궁중에서 해 먹던 찐만두로 오이, 표고버섯, 쇠고기가 소의 재료가 된다. 담쟁이 잎을 깔고 담으면 시원한 느낌이 난다.

탕·전골·감정

신선로(열구자탕)

일명 열구자탕이라 부르는데 잔칫날 모든 재료와 꾸미가 갖추어졌을 때 만들 수 있는 복잡한 음식으로 사용되는 그릇이 독특하다. 새로 만든 화로, 신선이 쓰던 그릇, 입을 즐겁게 하는 탕이라는 뜻의 여러 가지 이름이 있다.

재료 쇠고기(사태, 양지머리, 우둔), 소의 양, 무, 당근, 두부, 흰 살 생선, 소의 처녑, 미나리, 달걀, 석이버섯, 표고버섯, 다홍고추, 호두, 은행, 잣, 소금, 후춧가루, 청장, 지짐 기름, 밀가루

고기 양념—간장, 설탕, 다진 파, 마늘, 참기름, 깨소금, 후춧가루

완자 양념—소금, 다진 파, 마늘, 참기름, 후춧가루

탕거리 양념—소금, 파, 참기름, 후춧가루

조리법 쇠고기의 사태는 덩어리째 찬물에 씻어 건지고, 양은 두꺼운 부위로 골라서 끓는 물에 잠깐 넣었다가 건져 내어 검은 막

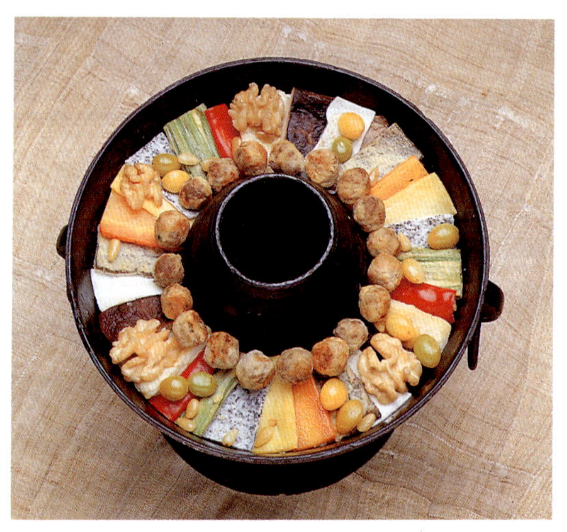

신선로 반가에서는 열구자탕이라고도 하였으며 잔칫날 모든 재료와 꾸미가 갖추어졌을 때 만들 수 있는 음식이다.

을 칼등으로 긁어 내고 깨끗이 손질한다. 냄비에 물을 넉넉히 넣어 끓여 사태와 양을 넣어 삶다가 도중에 무와 당근을 통째로 넣어 함께 익힌다.

쇠고기 우둔살 100그램은 얇게 썰어 고기 양념장으로 고루 무치고, 나머지는 두부를 으깨어 합하여 완자 양념으로 고루 주물러서 지름 1.2센티미터의 완자로 빚는다.

석이버섯은 더운 물에 불려 손으로 비벼 안쪽의 이끼를 깨끗이 손질하여 곱게 다진다. 달걀 3개를 흰자와 노른자로 나누어 소금을 조금 넣고 잘 푼다. 흰자는 반으로 나누어 한쪽에 다진 석이를 섞어서 백색, 흑색(석이 지단) 두 가지와 황색 지단을 각각 부친다.

미나리는 잎을 떼고 다듬어 가는 대꼬치에 위아래를 번갈아 꿰어 네모지게 한 장으로 만든다. 밀가루를 양면에 고루 묻히고 풀어 놓은 달걀에 담그었다가 번철에 누르면서 지진다.

흰살 생선은 전감으로 얇게 떠서 소금과 후춧가루를 뿌리고, 처녑은 한 장씩 떼어서 소금을 뿌려 주물러 씻어 잔칼집을 고루 넣고 후춧가루를 뿌린다. 밀가루를 얇게 묻힌 뒤 풀어 놓은 달걀에 담그었다가 뜨겁게 달군 번철에 기름을 두르고 양면을 노릇하게 지진다. 고기 완자도 밀가루와 달걀을 입혀서 번철에 굴리면서 지진다.

표고버섯은 되도록 큰 것을 골라 물에 불린다.

호두는 뜨거운 물에 불려서 꼬치로 껍질을 벗기고, 은행은 뜨겁게 달군 번철에 기름을 약간 두르고 볶아서 바로 마른 행주나 종이로 비벼서 속껍질을 벗기고 잣은 고깔을 떼어 놓는다.

준비한 지단, 미나리 초대, 전, 표고버섯, 당근 등을 신선로 틀의 폭을 길이로 하고 너비 3센티미터 정도로 하여 골패 모양으로 썬다. 다홍고추는 씨를 빼고 같은 길이로 썬다.

신선로 바닥에는 고기와 무를 건져서 납작하게 썰어 탕거리 양념에 양념하여 깔고 그 위에 양념한 고기를 고르게 놓고 다시 그 위에 골패 모양으로 썰어 놓은 재료들을 색맞추어 고르게 돌려 담는다. 제일 위에 견과류와 고기 완자를 고명으로 얹는다. 육수를 청장과 소금으로 간을 맞추어 덥혀서 붓고 가운데 화통에 숯을 피워 끓는 상태로 상에 낸다.

석류탕

작은 염낭처럼 오므려서 빚은 만두를 탕의 건지로 한다. 늦가을 석류 열매가 맺어 입이 약간 벌어진 모양을 본따 빚었다. 껍질이 매우 얇아야 하고 소도 많이 넣지 않으며 담백한 맛의 닭살, 미나리, 무 등이 재료가 된다.

재료 밀가루, 소금, 쇠고기, 물, 닭살, 표고버섯, 두부, 무, 미나리, 숙주, 잣, 달걀 지단

고기 양념—청장, 마늘, 참기름, 후춧가루

만두소 양념—소금, 파, 마늘, 깨소금, 참기름, 후춧가루

조리법 밀가루는 반죽하여 지름 6센티미터의 원형으로 얇게 민다. 쇠고기는 100그램만 납작하게 썰어서 고기 양념하여 장국을 끓인다. 쇠고기 50그램과 닭살은 곱게 다지고 표고버섯은 불려서 곱게 채친다. 두부는 으깨어 물기를 짜고 무는 곱게 채쳐서 데쳐 낸 뒤 물기를 꼭 짠다. 미나리와 숙주는 데쳐서 송송 썬 다음 물기를 꼭 짠다.

준비한 재료를 합해 만두소 양념을 넣고 잘 섞는다. 준비한 만두 껍질에 소를 조금씩 떠얹고 잣을 하나씩 올린 다음 양손으로 가운

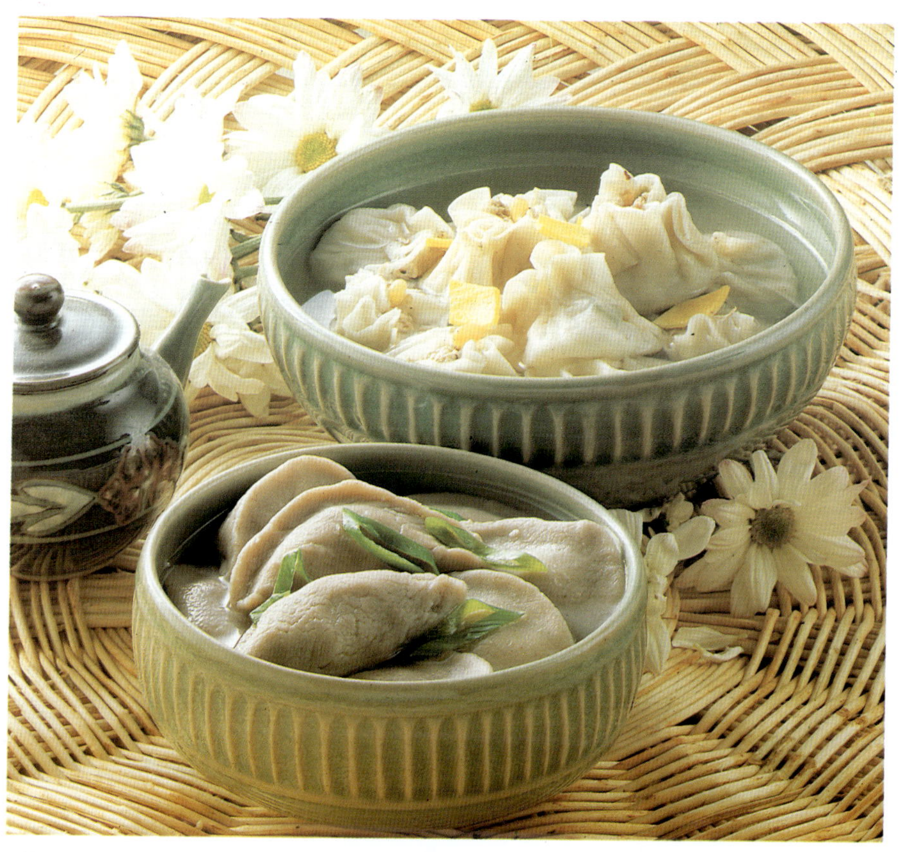

석류탕과 메밀만두 석류탕은 작은 염낭처럼 오므려서 빚은 만두를 넣어 만든 탕이다. 담백한 맛의 닭살, 미나리, 무 등이 소의 재료가 된다.

데를 모아 주머니 모양으로 빚는다. 달걀 지단을 부쳐 마름모 형으로 썬다. 끓는 장국에 만두를 넣어 끓여서 간을 맞춘 뒤 대접에 담고 지단을 얹는다.

쇠고기 전골

전골은 육류와 채소, 해물 등을 즉석에서 익혀 먹기 쉬운 상태로 만들어 전골틀이나 굽이 낮은 냄비에 담아 볶거나 끓이면서 여럿이 나누어 먹는 음식이다. 원래 전골 모양은 벙거지꼴로 가운데 우묵 파인 곳은 냄비 역할을 하고 가장자리는 팬의 역할을 하므로 볶으면서 국물도 떠먹는다.

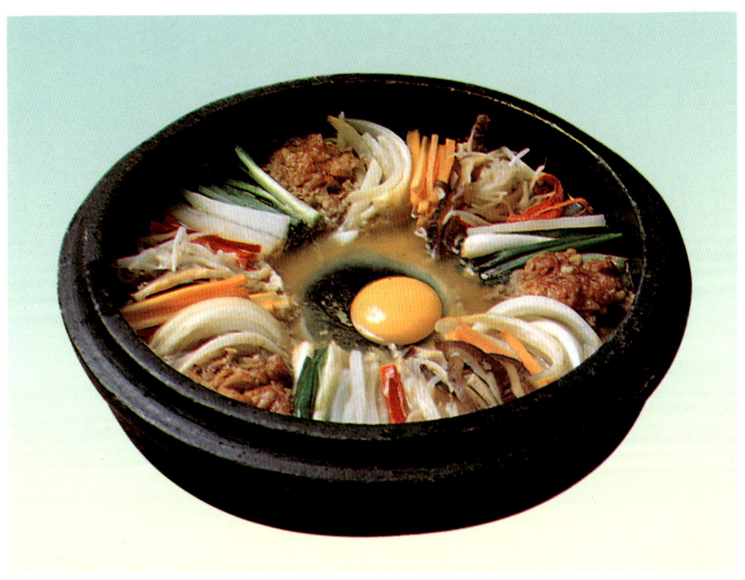

쇠고기 전골 전골은 육류, 채소, 해물 등을 즉석에서 익혀 먹기 쉬운 상태로 만들어 전골틀이나 굽이 낮은 냄비에 담아 볶거나 끓이면서 여럿이 나누어 먹는 음식이다.

재료 쇠고기, 두부, 무, 당근, 숙주, 실파, 양파, 표고버섯, 미나리, 달걀, 잣, 소금, 후춧가루, 간장, 참기름

고기 양념—간장, 설탕, 다진 파, 마늘, 참기름, 깨소금, 후춧가루

조리법 두부는 길이 3센티미터, 폭 2.5센티미터, 두께 0.7센티미터 크기로 썰어 소금을 약간 뿌렸다가 물기를 거두어 겉면에 녹말가루를 고루 묻혀서 번철에 노릇노릇하게 지진다. 쇠고기는 100그램은 채치고 50그램은 곱게 다진다.

표고버섯은 불려서 채치고 고기 양념을 합하여 양념장을 만들어서 채친 고기, 표고버섯, 다진 고기에 나누어서 고루 양념한다. 무와 당근은 5센티미터 길이로 납작하게 채치고, 숙주는 머리와 꼬리를 딴 다음 끓는 물에 소금을 약간 넣고 살짝 데쳐 내어 참기름, 소금, 후춧가루를 넣어 무친다. 양파는 길이로 채치고, 실파는 5센티미터 길이로 썬다. 미나리는 잎을 떼고 다듬어 끓는 물에 데쳐 낸다. 지진 두부 두 장 사이에 다져서 양념한 고기를 얇게 펴고 데친 미나리로 가운데를 한 번씩 묶는다.

준비한 채소와 고기, 두부를 전골 냄비에 돌려 담고 잣을 고루 뿌린다. 더운 물 2컵에 간장과 소금으로 간을 맞추어서 붓고 불에 올려 끓인다. 재료가 익으면 달걀을 깨넣어 반숙으로 익힌다.

도미면

신선한 도미살을 전유어로 부쳐서 삶은 고기와 채소를 어울려 담고 끓는 장국에 당면을 넣어 먹게 하므로 도미면이라 한다. 호화로운 궁중 전골이며 승기악탕이라 하는데 춤과 노래보다 낫다고 하여 붙인 이름이다.

재료 쇠고기(사태, 양지머리), 도미, 쇠고기, 두부, 달걀, 미나리,

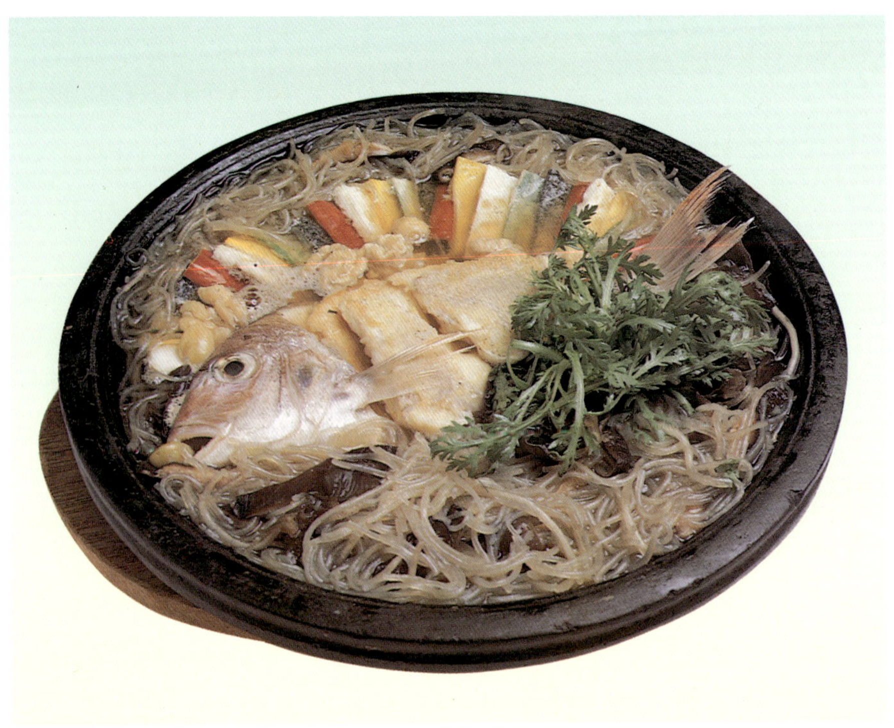

도미면 호화로운 궁중 전골 가운데 하나로 춤과 노래보다 낫다고 하여 승기악탕이라고도 하였다.

석이버섯, 표고버섯, 다홍고추, 당면, 호두, 잣, 밀가루, 지짐 기름, 소금, 후춧가루, 청장

　완자 양념―소금, 다진 파, 참기름, 마늘, 후춧가루

　조리법　사태나 양지머리는 덩어리째 물에 씻어서 끓는 물에 넣어 연해질 때까지 삶아서 납작납작하게 썰어 양념하고 육수는 소금과 청장으로 간을 맞춘다. 쇠고기는 곱게 다져서 두부를 으깨어 합하고 완자 양념으로 고루 주물러서 지름 1.2센티미터의 완자를 빚는다. 도미는 비늘을 긁고 내장을 빼서 머리와 꼬리는 남긴 채로 살을 크게 포로 뜬다. 포는 폭을 4센티미터 정도로 어슷하게 썰어

소금, 후춧가루를 뿌린다.

석이버섯은 더운 물에 불려 손으로 비벼 안쪽의 이끼를 깨끗이 손질하여 곱게 다진다. 달걀 3개를 흰자와 노른자로 나누어 소금을 조금 넣고 잘 푼다. 흰자는 반으로 나누어 흰색 지단과 다진 석이버섯을 넣은 석이 지단으로 하고 황색 지단도 부친다.

미나리는 잎을 떼고 다듬어서 길이를 맞추어 가는 대꼬치로 꿰어 네모지게 한 장으로 만들어 밀가루를 묻히고 푼 달걀에 담그어서 번철에 양면을 지져 낸다. 생선살도 전유어로 지지고 고기 완자도 옷을 입혀서 번철에 굴리면서 지진다. 표고버섯은 큰 것을 골라 물에 불려 기둥을 떼고 다홍고추는 갈라서 씨를 뺀다.

호두는 더운 물에 불려서 속껍질을 벗기고, 잣은 고깔을 떼어 놓고 지단, 미나리 초대, 표고버섯, 다홍고추 등은 2.5×4센티미터 정도의 골패형으로 썬다. 운두가 낮고 넓은 냄비나 전골틀에 삶은 고기를 담고 위에 도미를 원래 모양대로 모아 담는다. 주위에 지단과 완자를 돌려 담고 육수를 부어 끓인다. 당면은 더운 물에 불려서 짧게 끊어 육수가 끓으면 한옆에 넣어 익힌다.

오이감정

재료 오이, 쇠고기, 풋고추, 다홍고추, 파, 마늘, 고추장, 된장, 물 장국 양념—청장, 마늘, 참기름, 후추

조리법 오이는 소금으로 문질러 씻고 고기는 납작납작 썰어 장국 양념해 놓는다. 고추는 어슷하게 썰어 씨를 털고, 파도 어슷하게 썬다. 양념한 고기를 냄비에 넣어 볶다가 물을 부어 끓인다. 장국이 끓으면 고추장과 된장을 풀고 오이를 돌려 가며 삼각지게 저며 넣는다. 오이가 익으면 고추와 파, 다진 마늘을 넣고 잠깐 끓여 낸다.

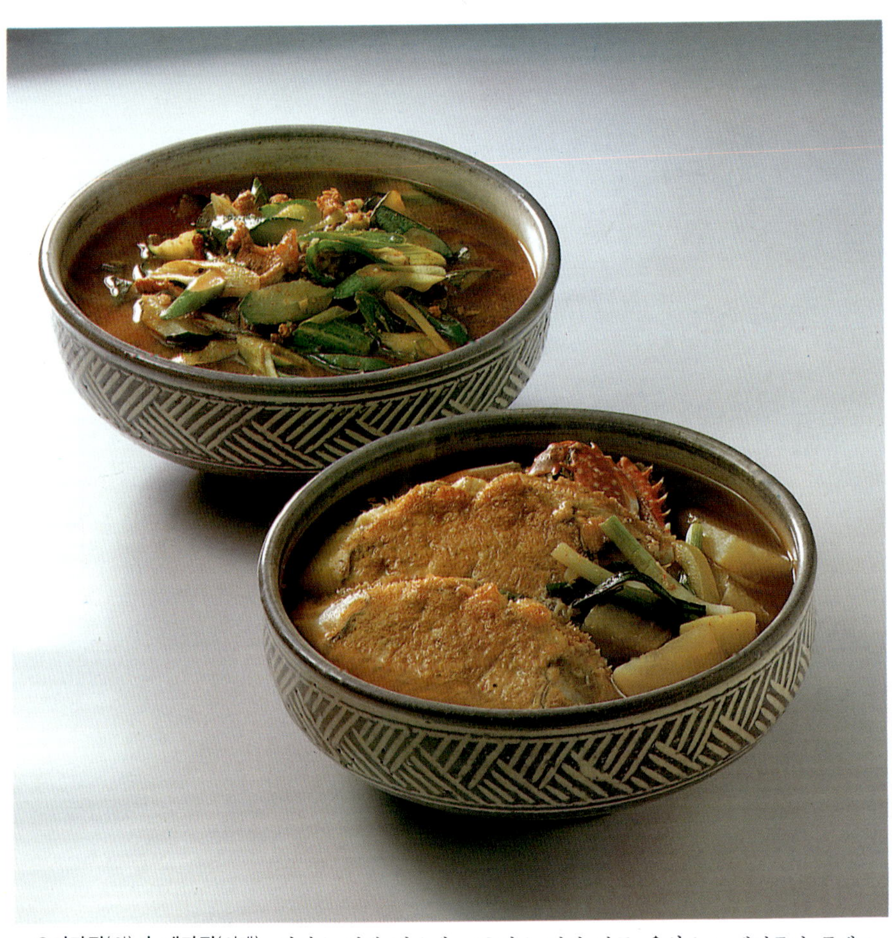

오이감정(위)**과 게감정**(아래) 감정은 찌개 가운데 고추장을 넣어 만든 음식으로 생선류가 주재료다. 오이를 넣으면 찌개가 시원하다.

게감정

재료 게, 쇠고기, 두부, 숙주, 무, 파, 마늘, 생강, 고추장, 된장, 물
게살 양념—소금, 다진 파, 마늘, 깨소금, 참기름, 후춧가루, 밀가
루, 달걀, 식용유

조리법 게는 솔로 깨끗이 닦은 뒤 세모진 딱지와 등딱지를 떼서
등딱지 안의 것을 긁어 모은다. 게 몸통은 갈라서 살을 발라내고
다리는 칼로 뚝뚝 끊는다. 쇠고기는 곱게 다지고 두부는 으깨어 물
기를 꼭 짠다. 숙주는 데쳐 물기를 짜고 송송 썬다. 게살, 고기, 두
부, 숙주를 합해 게살 양념하여 소를 만든다. 게딱지 안쪽의 물기를
닦고 기름을 살짝 칠해 양념한 소를 채워 넣는다. 게딱지의 소 위
에 밀가루, 달걀을 묻혀서 기름을 두른 번철에 전을 지지듯이 지져
낸다.

무는 3×3.5센티미터 크기로 납작하게 썰고 파는 어슷어슷 썬다.
게다리와 게살을 발라낸 자투리에 물을 붓고 끓여 국물이 우러나
면 걸러서 고추장과 된장을 푼다. 게 국물에 무를 넣어 끓이다가
말갛게 익으면 지져 낸 게와 다진 마늘, 다진 생강을 넣어 잠깐 더
끓인다. 위에 파를 얹고 불에서 내린다.

기타

율란

삶은 밤의 껍질을 벗겨서 체에 내리고 꿀로 버무려 밤톨처럼 빚
은 과자이다. 예전에는 황률을 가루로 하여 꿀을 섞어 빚기도 하였
으나 생밤으로 만들면 쉽다.

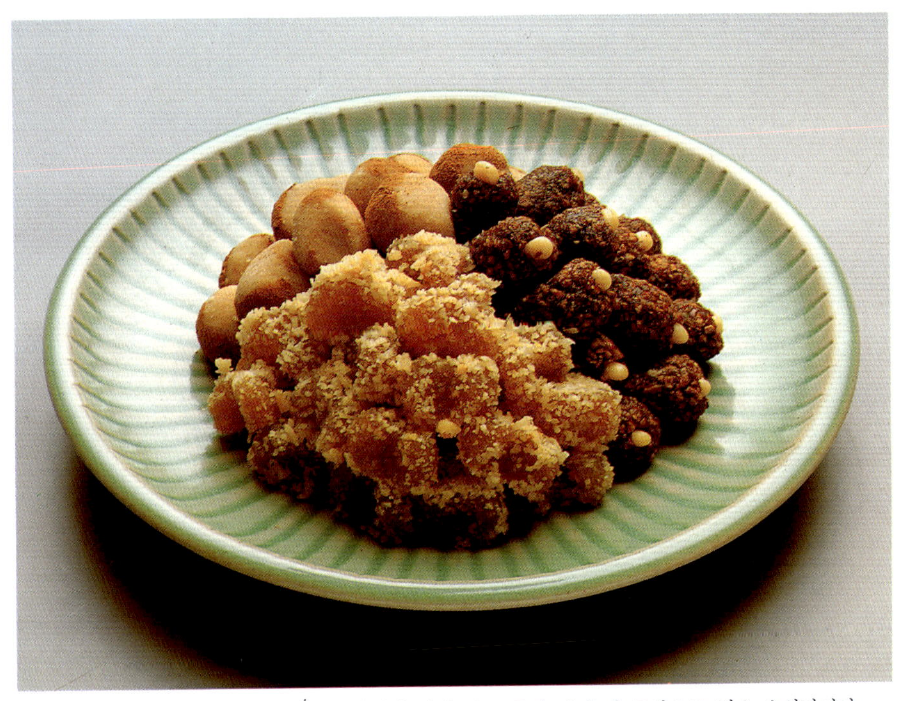

율란, 조란, 생란 밤, 대추, 생강을 다져서 각각 꿀로 조려 다시 제 모양으로 빚은 숙실과이다.

재료 밤, 물, 꿀, 계핏가루

조리법 밤은 씻어서 물을 부어 삶는다. 밤이 충분히 무르게 익으면 껍질을 까서 더울 때에 체에 밭여서 보슬보슬한 고물로 한다. 밤고물에 꿀과 계핏가루를 넣어 고루 섞어서 반죽을 한덩어리로 뭉친다. 밤 반죽을 마치 밤톨처럼 빚어서 한쪽 끝에 계핏가루를 묻히거나 잣가루를 고루 묻혀서 그릇에 담는다. 대개는 조란과 함께 어울려서 담는다.

조란

대추를 쪄서 살만 발라 곱게 다져서 꿀로 버무려 다시 대추 모양으로 빚은 숙실과이다.

재료 대추, 꿀, 계핏가루, 잣

조리법 대추는 젖은 행주로 닦아서 먼지를 없애고 찜통에 행주를 깔고 찐다. 쪄낸 대추를 작은 칼로 바르고 살만 곱게 다진다. 다진 대추를 작은 냄비에 담고 꿀과 계핏가루를 넣어 약한 불에 올려 나무 주걱으로 저으면서 잠시 조려서 식힌다. 조린 대추를 원래의 대추 모양으로 빚어서 꼭지 부분에 잣을 박는다.

생란

생강을 곱게 다져 설탕과 꿀에 조리고 다시 생강 모양으로 빚어 잣가루를 고루 묻힌 숙실과로 생강의 매운맛과 단맛, 잣의 고소한 맛이 잘 어울려서 맛이 매우 훌륭하다. 강란이라고도 부른다.

재료 생강(껍질 까서), 설탕, 물, 꿀, 잣가루

조리법 생강은 되도록 큰 것으로 골라 껍질을 벗기고 얇게 저미면서 물을 넣고 곱게 간다. 갈아 놓은 생강을 체에 밭여서 건지는 냄비에 담고, 생강물은 그대로 두어서 앙금을 가라앉힌다. 냄비에 담은 생강 건지에 물과 설탕을 넣어 불에 올리고 끓어오르면 약한 불로 줄여 서서히 조린다. 끓이는 도중에 위에 떠오르는 거품과 껍질은 말끔히 걷어 낸다. 생강이 거의 졸아서 물기가 적어지면 꿀을 넣어 잠시 더 조리다가 생강물에 가라앉은 앙금을 넣어 골고루 섞어 엉기게 하여 차게 식힌다. 잣은 도마에 종이를 깔고 곱게 다져서 가루를 만든다. 손에 물을 묻혀서 조린 생강을 삼각뿔이 난 생강 모양으로 빚고 잣가루를 고루 묻혀 그릇에 담는다.

유자 화채

재료 유자, 배, 설탕, 물, 석류알, 잣

　조리법 유자는 껍질을 4등분하여 속을 다치지 않게 껍질을 벗기고, 속은 알맹이를 한 조각씩 떼어 흰 줄기는 떼어 내고 씨를 빼서 그릇에 한데 모은다. 유자 껍질을 한 조각씩 도마에 놓고 안쪽 흰 부분을 얇게 저며 내고 노란 부분은 가늘게 채를 친다. 배는 껍질을 벗겨서 얇게 저며 곱게 채친다. 물과 설탕을 한데 끓여서 차게 식힌다. 유자의 속은 깨끗한 행주에 싸서 즙을 짜내어 설탕물에 섞는다.

　또는 먼저 씨를 뺀 알맹이를 설탕에 버무려 큰 화채 그릇에 담는다. 큰 화채 그릇에 채썬 유자와 배를 세 군데로 갈라 담고 설탕물을 가만히 부어서 뚜껑을 덮어 두어 유자향이 설탕물에 우러나도록 한다. 설탕물에 유자향이 들면 석류알과 잣을 띄워서 상에 내어 국자로 잘 저어서 작은 화채 그릇에 나누어 담는다.

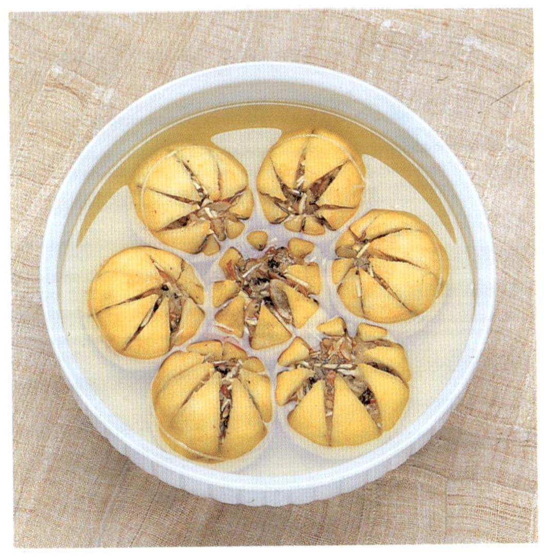

유자청 유자는 설탕이나 꿀에 재워서 차, 화채, 정과로 쓰기도 하고 유자청을 만들어 두었다가 식혜에 타서 향을 내기도 한다.

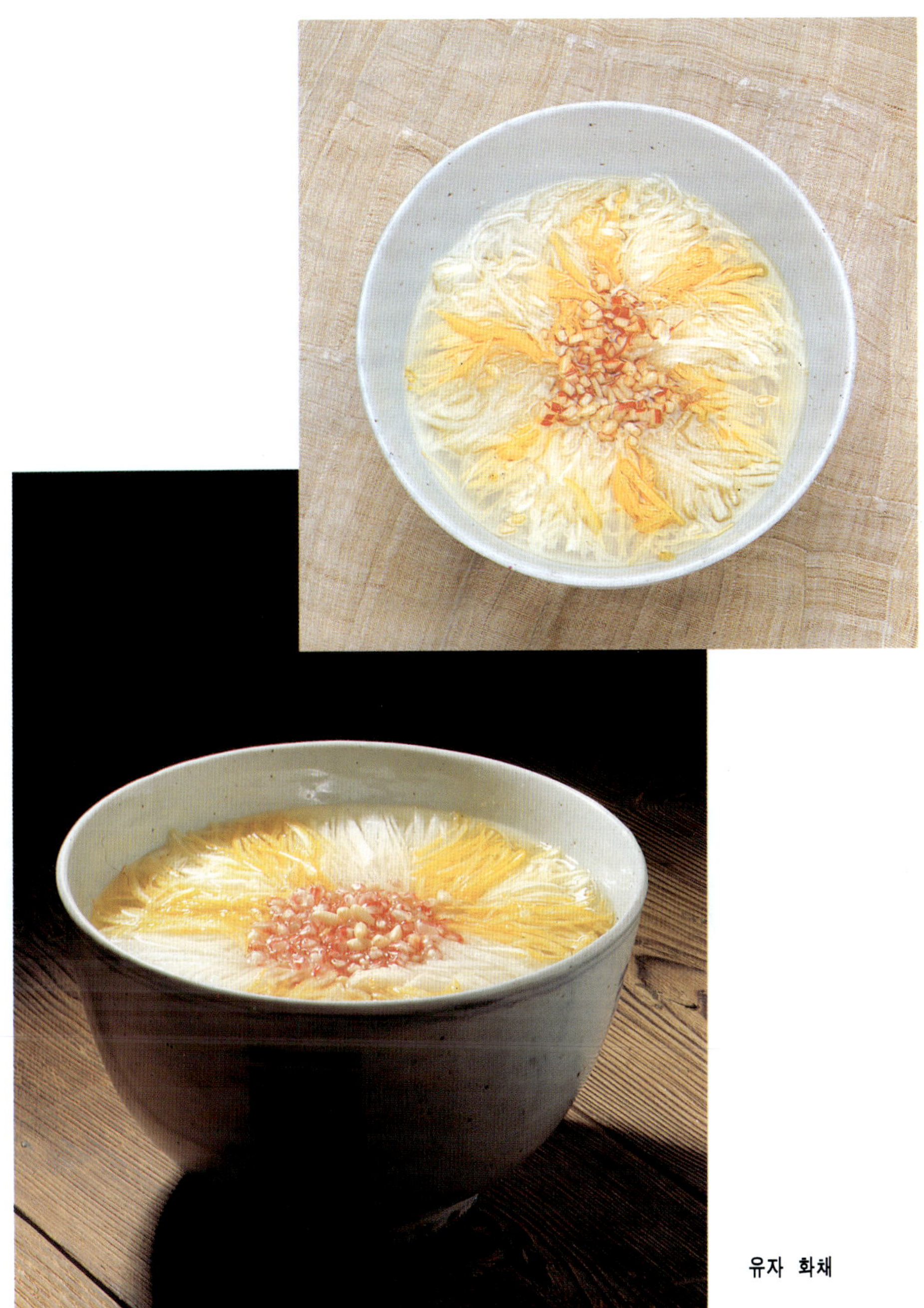

유자 화채

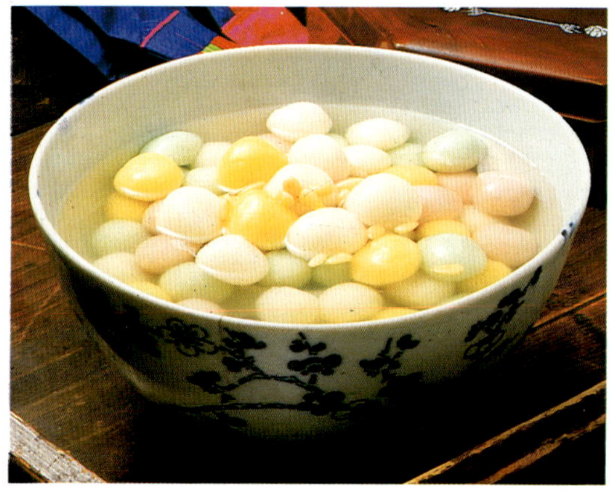

원소병 찹쌀가루를 반죽하여 경단을 만들어서 꿀물에 띄운 음료이다.

원소병

찹쌀가루를 반죽하여 경단을 만들어서 꿀물에 띄운 음료이다. 원소(元宵)는 정월 보름날 저녁이라는 뜻이므로 이날 저녁에 먹는다고 해석된다. 원소병은 원래 떡이었을 것으로 보이는데 조선조 말기 창덕궁에 알려진 원소병은 떡수단과 마찬가지인 음료이다.

재료 찹쌀가루, 식용 색소(홍, 청, 황), 더운물, 대추, 유자 다진 것, 꿀, 계핏가루, 녹말가루, 잣, 설탕물

조리법 찹쌀은 충분히 불려서 소금을 넣어 가루로 빻고 체에 쳐서 셋으로 나누어 각각 그릇에 담는다. 뜨거운 물에 식용 색소를 조금씩 타서 각각의 찹쌀가루에 넣고 치대어 말랑하게 반죽한다. 대추는 씨를 빼고 곱게 다져서 계핏가루와 꿀을 넣어 고루 버무리고 설탕에 재워 두었던 유자는 곱게 다져서 소를 만든다.

찹쌀 반죽을 대추알 크기로 떼어서 지름 2센티미터로 둥글게 빚어서 가운데에 소를 넣고 경단을 빚는다. 찹쌀 경단에 녹말가루를 고루 묻혀서 끓는 물에 넣고 익어서 떠오르면 찬물에 헹구어 건진다. 물에 설탕을 넣어 끓여서 차게 식혀 두었다가 상에 낼 때 화채 그릇에 삼색 경단을 고루 담고 잣을 서너 알씩 띄운다.

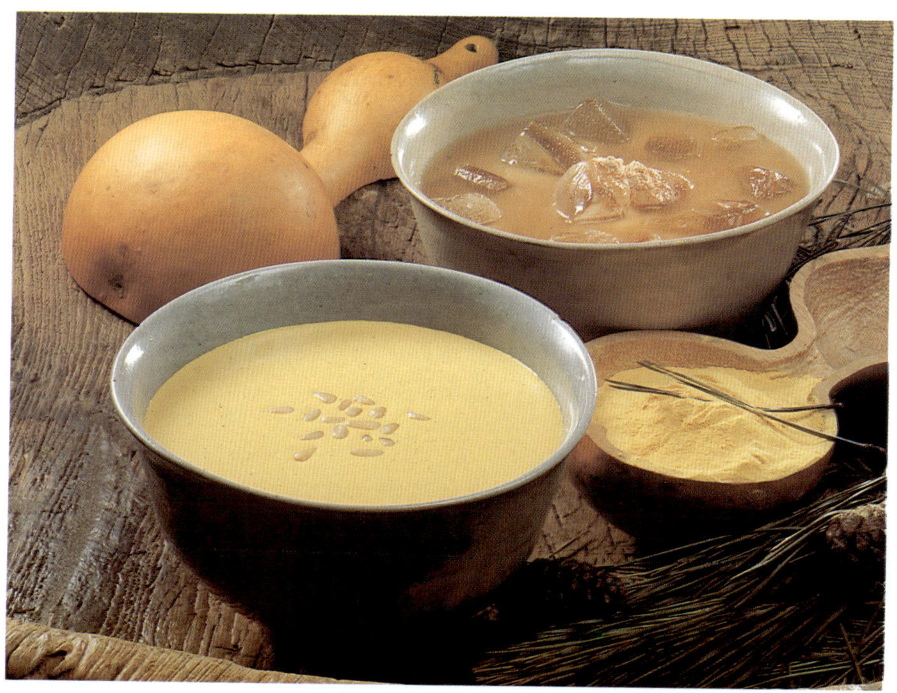

제호탕(위)**과 송화밀수**(아래) 갈증을 해소시켜 주는 한약재를 넣고 다린 것으로 궁중의 특별한 여름 음료이다.

제호탕

조선시대 궁중 내의원에서 단오날에 제호탕을 임금님께 올리면 임금은 이를 기로소의 신하들에게 하사하셨다 한다. 한방 음료로 이를 마시면 여름철에 더위를 타지 않고 향이 입안에서 오래 간다.

재료 오매, 초과, 축사, 백단향, 꿀

조리법 따로 오매육을 가루로 빻는다. 초과, 축사, 단향은 함께 고운 가루로 빻는다. 불에 올릴 수 있는 도자기에 꿀을 담고 한약 재 간 것을 모두 넣고 저으면서 되직하게 끓인다. 끓인 것을 식혀 서 사기 항아리에 담아 보관하고 마실 때 찬물에 타서 마신다. 또 다른 만드는 법은 오매를 대강 두들겨 물에 끓인 뒤 다른 약재를

가루로 하고 꿀을 넣어 한데 끓이기도 한다.

송화밀수

송화(松花)란 소나무의 꽃가루로서 쉽게 구할 수 있는 것은 아니다. 4, 5월에 오엽송(五葉松)을 비롯한 어느 소나무나 새순이 돋아나면 방망이 같은 순에 노랗게 망울이 생기는데 이것이 완전히 익으면 바람에 날아가 버린다.

재료 송홧가루, 꿀, 물, 잣

조리법 꽃이 피기 전에 가위로 노란 순을 끊어 모아서 말린 다음 물이 담긴 자배기에 털어 넣는다. 여러 날 우려내어 고운 헝겊을 광주리에 깔고 물에 뜬 노란 가루를 퍼내서 헝겊 위에 붓는다. 물을 뺀 다음 볕에 완전히 말려서 겹체로 친다.

송화를 꿀과 엿물로 되게 반죽하여 다식판에 박아 내는 것이 송화다식인데 매우 귀한 것으로 손꼽힌다. 이 송화로 만든 노란색 다식은 잘 알려져 있는 데 반해 송화밀수(松花蜜水)는 널리 알려져 있지 않다.

궁중에서는 여름에 좋은 옥류천 물을 길어다 대접에 떠서 꿀을 듬뿍 넣은 뒤 송홧가루를 한 술 타서 젓는다. 이 가루는 가벼워서 물 위에 뜨며 섞여 풀어지지는 않는다. 이것을 한 대접 마시면 더위도 가시고 몸에 이롭다고 하나 그 약효는 확실하게 알 수 없다.

일본의 천상(川上) 박사는 "소나무의 화분(花粉) 곧 송화는 여러 과실 가운데 딸기가 가장 많이 함유하고 있는 ASA(아스코르브산)와 똑같은 것을 풍부하게 가지고 있다. 화분은 꿀벌만 먹는 줄 알았는데 한국 사람은 송화를 다식과 송화밀수로 먹고 있는 것을 발견하고 놀랐다."고 했다.

서울 양반의 음식

서울 음식의 배경과 특징

흔히들 서울 음식의 근본은 권세 있는 양반가의 음식에서 비롯되었다고 하지만 서울 음식을 계승시킨 사람들은 양반이 아닌 중인들이었다. 다시 말하자면 벼슬을 한 양반들보다는 장사하고 물건을 만들고 외국과 무역하는 일을 맡아 하던 역관과 상인, 통역관들이 음식 문화의 주인공이었다고 볼 수 있다.

양반네들은 거의가 지방에 본가인 향가를 둔 지방 사람들이었고 서울에는 따로 집을 마련하여 살았기 때문에 음식 먹는 법이나 생활 습관은 모두 본가의 풍습을 따랐을 것이다. 하지만 중인 계층은 서울에 뿌리를 두고 서울에서 직업을 가지고 있는 사람들이었기 때문에 누구보다도 서울의 전통을 잘 알고 있는 사람들이었다. 게다가 이들은 양반들이 향유하는 궁중의 생활 방식을 흠모하는 경향이 있어서 경제적인 풍요를 바탕으로 궁중 문화를 답습하게 되어 또 다른 문화를 만들어 내게 되었다.

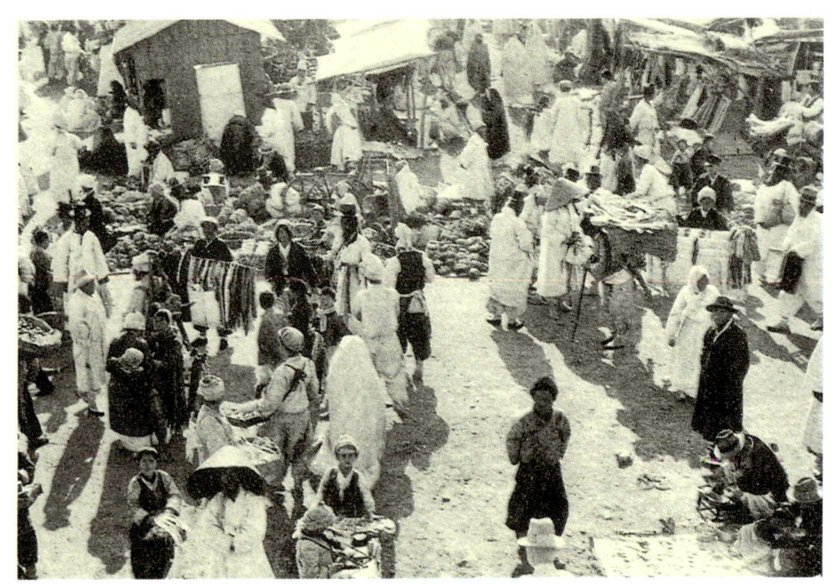

1910년대 서울의 저잣거리

　서울 사람들은 궁중 음식을 모방하여 같은 것이라도 예쁘게 장식하고 갖가지 고명을 얹는 등 거리낌 없는 화려한 음식 문화를 지녔다. 그래서 서울 음식은 정갈하고 예쁘며 치장이 화려하다. 양이 많고 푸짐하며 이것저것 잡다하게 집어 넣어 구성진 맛을 내는 음식과는 차가 있으며 오히려 꼭 필요한 것만을 고집하는 면이 있다고 보아야 할 것이다.

　지금은 지방색이 없어지고 모든 문화가 서울을 중심으로 통합되어 서울 음식의 독특한 맛이 사라진 것이 사실이지만 조용히 이어져 내려오는 서울 음식의 향기는 남아 있다. 깔끔한 백자에 꼭 먹을 만큼만 소담하고 정갈하게 담아 내는 찬과 조기젓·새우젓으로 담근 담백한 맛의 김치, 밤·대추·달걀 지단·실고추·석이버섯 등 오색 고명을 써서 모양새 있게 꾸민 신선로, 구절판, 탕평채 등은 대표적인 서울 음식으로 볼 수 있다.

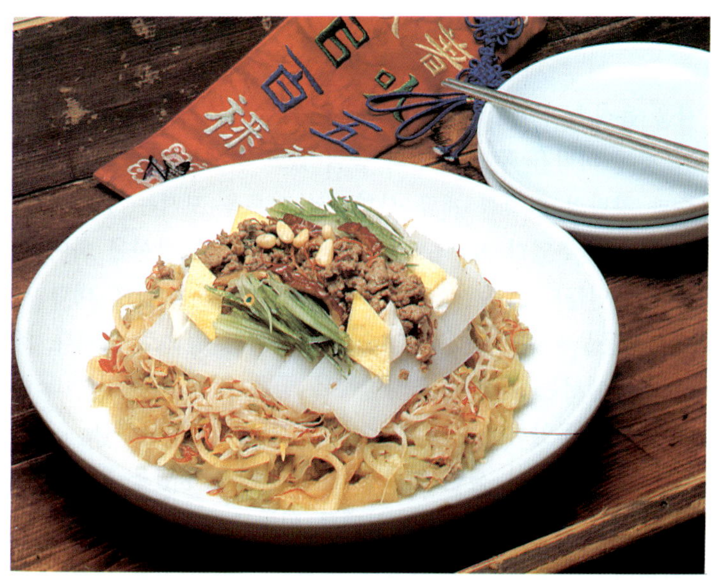

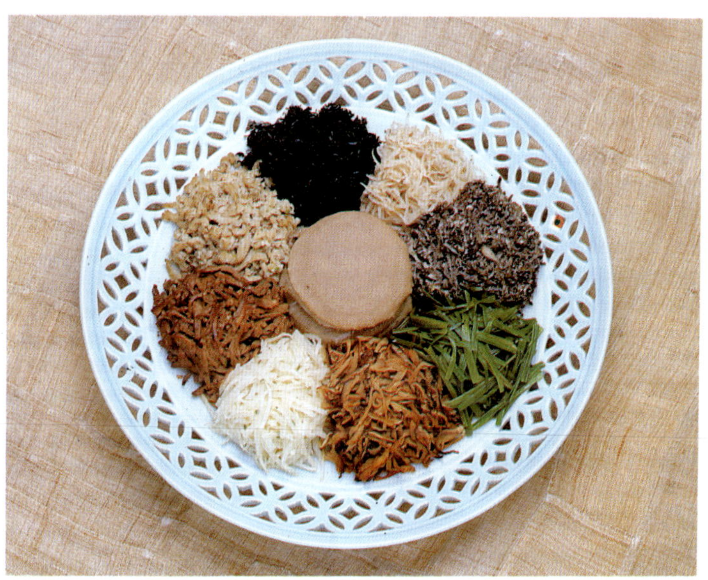

탕평채(맨 위)**와 메밀구절판**(위) 밤, 대추, 달걀 지단, 실고추, 석이버섯 등 오색 고명을 써서 모양새 있게 꾸민 신선로, 구절판, 탕평채 등은 대표적인 서울 음식으로 볼 수 있다.

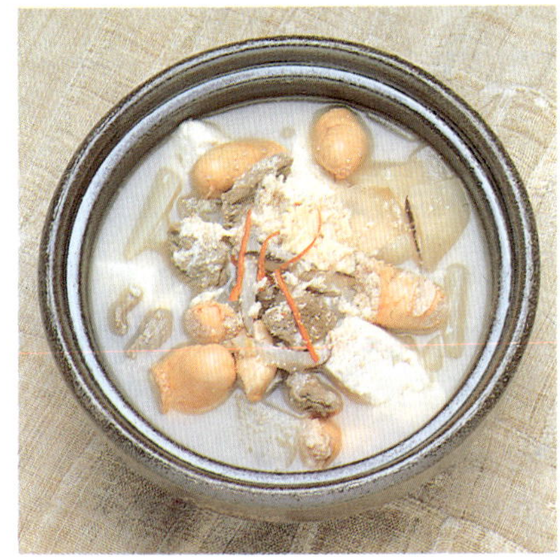

알젓찌개

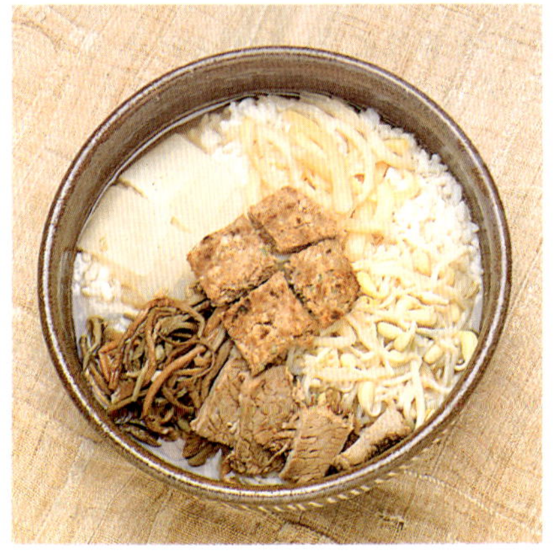

장국밥

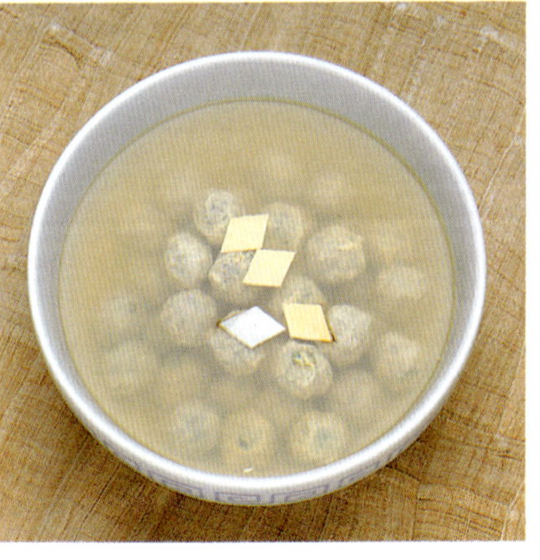

애탕국

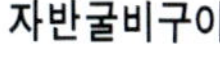

자반굴비구이

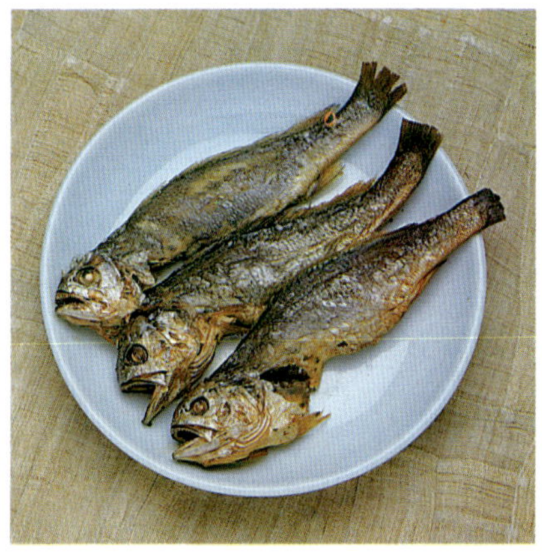

굴비장아찌

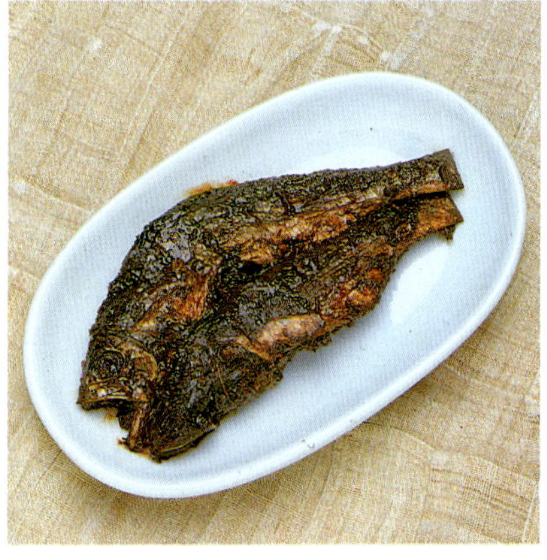

비웃구이

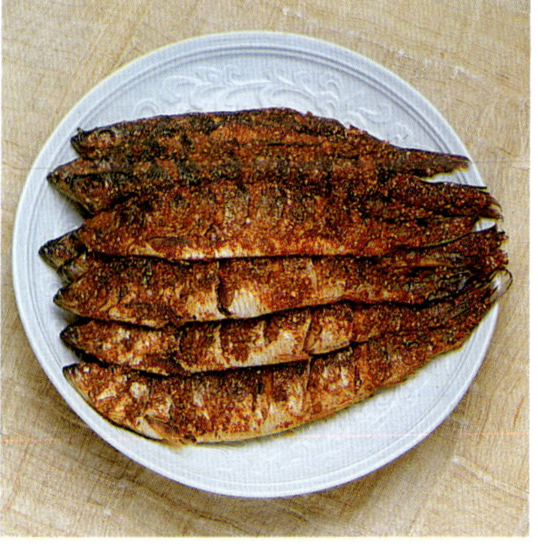

상에 빠져서는 안 되는 찬이었는데 이제는 웬만한 이가 아니면 맛볼 수 없는 찬이 되었다. 굴비로는 고추장 단지에 박아 두고 한참 뒤에야 먹는 귀한 장아찌를 만들기도 하고 한여름 풋고추 썰어 넣고 슴슴하게 끓이는 굴비지짐이도 만든다.

서울 사람들은 모든 음식에 쇠고기가 들어가야만 직성이 풀리는 듯 어떤 국에나 쇠고기맑은장국을 끓여 넣는다. 봄에 끓이는 애탕은 삶아서 다진 쑥과 고기 다진 것을 섞어 완자로 빚어 쇠고기맑은장국에 넣어 끓여 내고 완자탕, 어알탕, 북어국도 모두 맑은장국이 기본 국물이다. 맑은장국을 가장 잘 쓰는 예로는 국수장국을 만들 때 양지머리 곤 국물을 바탕으로 하는 것을 들 수 있다.

서울 사람들은 점심을 밥으로 차리지 않고 낮것상이라 해서 면으로 간단히 때웠다. 냉면도 서울 것은 장국냉면이 있다. 잔치 때는 전거리, 편육, 온갖 과일 고명이 마련되어서 열구자탕과 같은 힘든 음식도 만들기가 수월하다. 열구자탕은 궁중에서는 신선로라 부르는데 음식 맛이 좋아서 궁중과 반가 모두에서 즐겨 해먹었다.

서울 음식은 또 고명을 잘해서 화려하게 보이게 하는 것이 특징이다. 예를 들면 미나리강회, 탕평채, 잡채, 구절판, 호박선, 떡볶이, 어채와 같은 것이 있다.

그런가 하면 쇠고기 온마리를 가지고 전체를 섞어서 또는 부위별로 조리를 잘하는 것도 특징이다. 선농단(先農壇)에서 세종이 친경할 때 제물로 올렸던 고기를 모두 한솥에 넣고 끓여 모든 이가 나누어 먹은 데서 시효가 된 설렁탕을 비롯하여 곰국, 육개장, 양탕, 장국밥 등 오래 끓여서 만드는 고깃국과 국밥이 유명하다.

맛있는 살코기에 잔칼질을 많이 하여 갖은 양념을 해서 숯불을 피워 석쇠를 놓고 구운 너비아니도 서울 음식이다. 고기를 굽거나

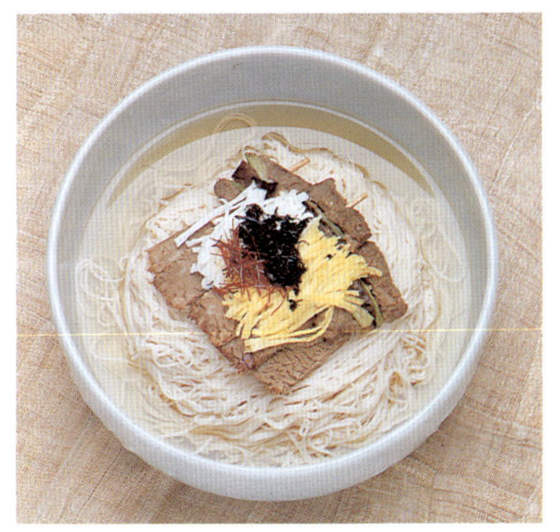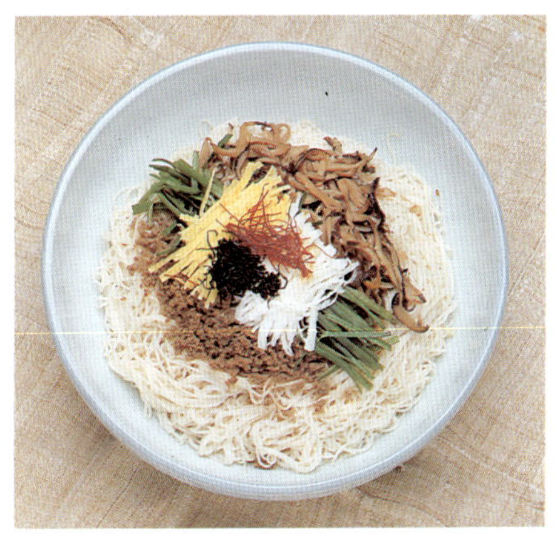

장국국수(왼쪽)**와 비빔국수**(오른쪽) 서울 사람들은 점심을 밥으로 차리지 않고 낮것상이라 해서 면으로 간단히 때우기도 했다. 이럴때는 대신 저녁을 잘 먹었다.

찌거나 해서 그릇에 담은 뒤 잣가루를 뽀얗게 뿌려 내는 것도 특징이다. 너비아니는 안심이나 등심을 두툼하게 썰어 잔칼집을 넣으면서 연하게 되도록 두드리는 것이 옛법인데 지금은 불고기라 하여 얇게 썬 고기를 양념해서 들들 볶는 식으로 해버리니 맛이 많이 달라졌다. 너비아니와 같은 법으로 가리구이 염통, 콩팥도 한다. 내장도 잘 이용해서 처녑, 부아, 간을 많이 전으로 부쳐 잔치 때 푸짐하게 쓴다.

이 밖에 서울에서 잘 해먹는 김치로는 간장으로 국물을 붓는 장김치, 섞박지, 꿩김치, 오이송송이, 굴김치를 들 수 있고 냉국은 창국이라 하는데 미역, 오이, 파가 재료가 된다. 장아찌는 장과라고도 부르는데 오이, 무, 미나리로는 급히 만드는 장아찌를 만들고 홍합, 전복은 단간장에 조려 녹말을 조금 넣어 걸쭉하게 해서 초라는 음식을 만든다. 생선으로 만드는 조림은 서해안에서 나는 병어, 준치, 비웃으로 만들며 전 가운데는 소의 위인 양을 다져서 둥글게 돈전처럼 부친 양동구리가 있다.

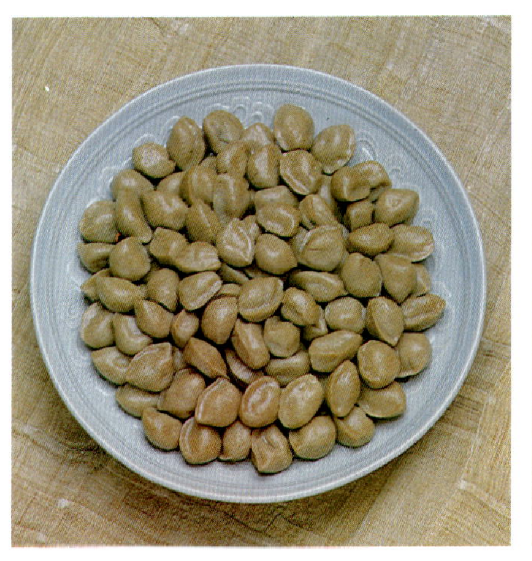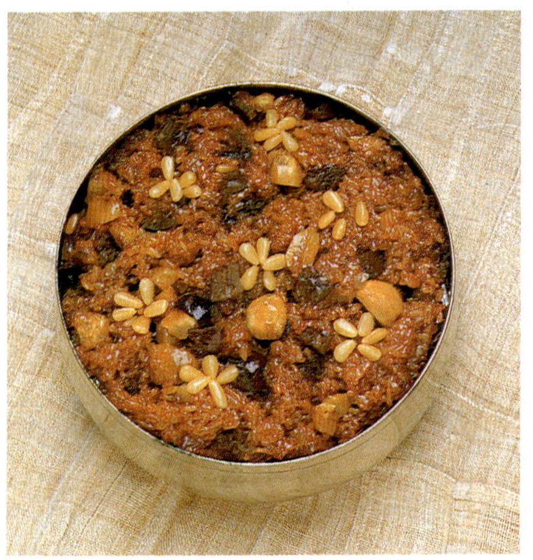

메밀만두(왼쪽)**와 약식**(오른쪽) 서울 사람들은 주식으로 팥물진지, 잣죽, 흑임자죽, 비빔국수, 메밀만두, 편수를, 떡으로는 두텁떡, 물호박떡, 약식, 단자, 각색편, 주악 등을 즐겨 먹었다.

주식으로는 팥물진지, 잣죽, 흑임자죽, 비빔국수, 메밀만두, 편수가 있고 떡으로는 두텁떡, 물호박떡, 약식, 단자, 각색편, 주악 등을 들 수 있다. 음청류로는 오미자 화채, 수단, 제호탕, 청면 등이 있다.

서울 양반의 음식

고려 왕조의 수도 개성의 음식은 아직까지도 맛있다고 정평이 나 있다. 서울 음식은 여러 지방 음식 가운데 특히 개성 음식의 영향을 많이 받았다. 이제는 서울 음식처럼 되어 버린 탕평채나 만두, 보김치 따위도 본디 개성 음식이었다.

조선 왕조는 궁중 법도가 엄격했고 유교를 국가 지도 이념으로 하였다. 왕조 초기부터 시대 상황이 매우 엄격하였으므로 자연히 상차림의 격식이나 음식을 먹는 예절도 엄격하게 자리잡게 되었다.

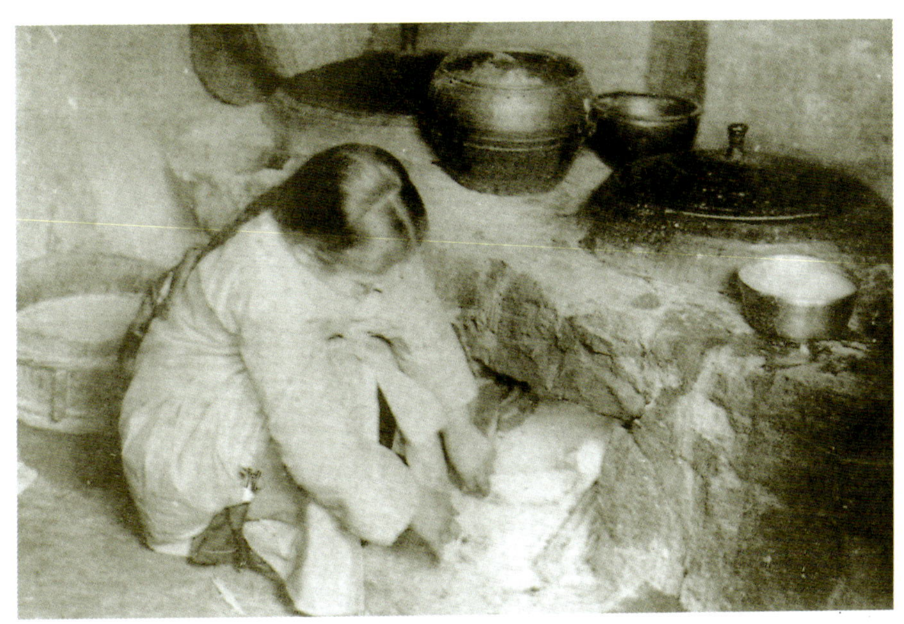

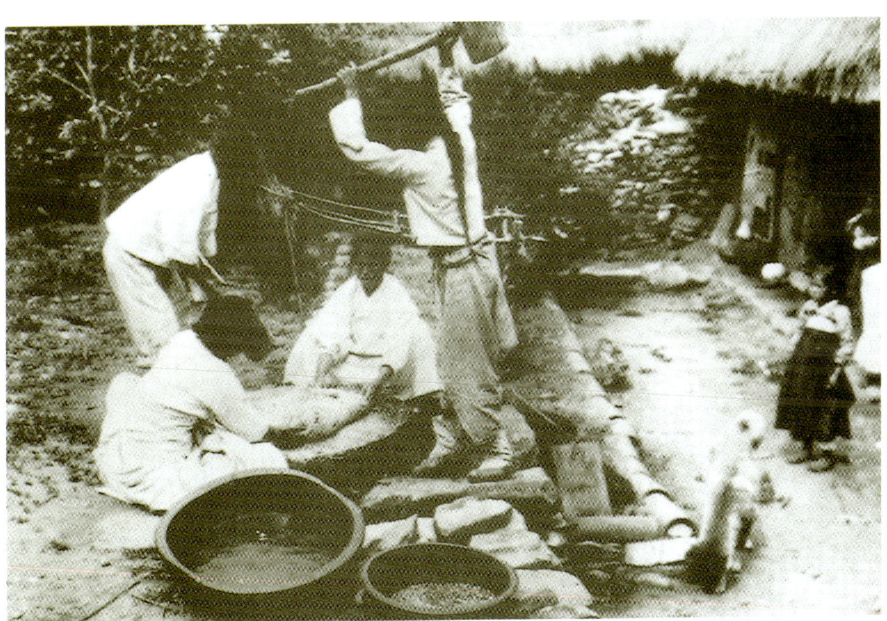

1910년대 재래식 부엌(맨 위)과 떡치기(위)

웬만한 대갓집에는 부엌이나 대청에 소반이 즐비하게 걸려 있었다. 밥상을 차릴 때에는 그 상들을 죽 늘어 놓고 남자 웃어른부터 독상으로 차려 냈다. 대주는 큰사랑에서, 사내 자제들은 안사랑에서, 노인 어른은 별당에서 상을 받았다. 바깥채에서 드는 밥상 심부름은 남자 종이, 안채 심부름은 여자 종이 맡았다. 안주인이 지휘를 하고 찬모, 반모, 무수리들이 음식을 마련하였는데 그 일 말고도 음식을 내가고 치우고 하는 데에도 손발이 쉴 새가 없었을 것은 쉽게 짐작이 되는 일이다.

사회에 남존여비 사상이 뿌리깊게 내리면서 여자들은 아래 계층 사람일수록 먹는 것을 두고도 천덕꾸러기 대접을 받아야 했다. 집안 남자들이 상을 물린 뒤에 그 음식으로 다시 상을 보아 먹는데 어른은 어른끼리, 아이는 아이끼리 두레반에 차려 먹었다. 게다가 모녀 사이에는 겸상을 할 수 있지만 고부 사이에는 겸상을 할 수 없었다.

여자 종들은 부엌에서 먹고 일꾼들은 일꾼들끼리 모여 그이들이 지내는 방에서 먹었다. 하루 종일 식솔들이 먹어 치우는 먹새도 대단했을 것이므로 상을 물려 먹지 않고서는 아랫사람이 밥 한 끼 얻어 먹기도 힘들었을 것이다. 지금은 한 집에 사는 식구가 그리 많지 않으므로 그렇게 상을 물려 먹지는 않지만 음식을 많이 남기는 식습관이 우리 몸에 배어서 물자를 낭비하고 쓰레기를 발생시키는 원인이 되고 있다.

반가 반상 차림은 5첩, 7첩, 9첩 반상 세 가지이다. 상차림에는 반상 외에도 술상, 신선로상, 님뫼상(입맷상)이 있다. 다음의 상차림은 서울 한 양반가에서 발견된 시의방에 나타난 조선 초기 반상 도식으로 서울 음식 종류나 상차림 예법을 짐작케 하는 것이다.

조선시대 반가 상차림(『시의전서』, 1800년대 말)

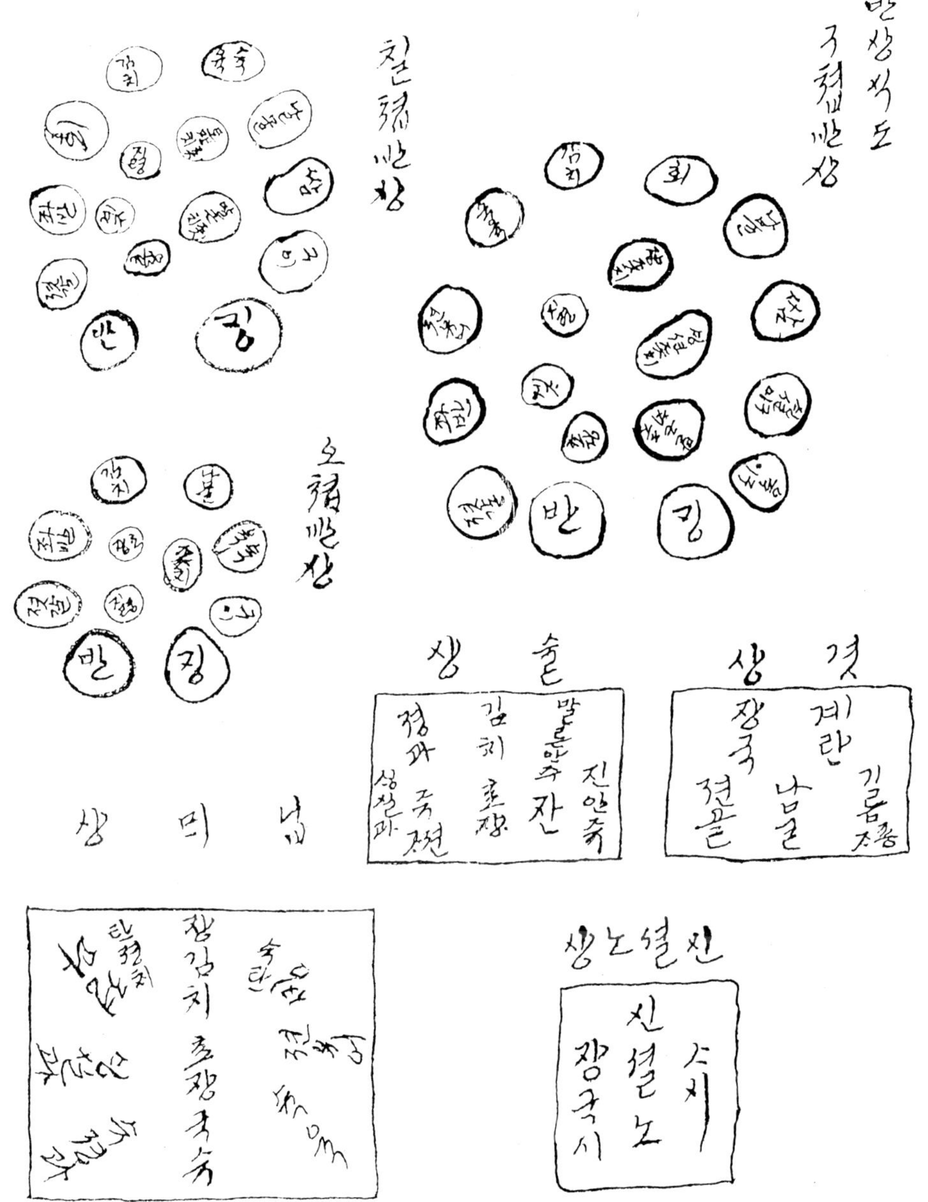

9첩 반상 차림을 한번 살펴보자. 생선조치, 맑은조치의 조치(찌개) 두 가지, 생선구이, 육구이 해서 구이 두 가지, 나물, 회, 숙육, 전유어, 양볶이, 자반, 젓갈이 한 가지씩 올라가서 모두 아홉 가지 찬이 차려지며 김치와 지령(간장), 초장, 겨자가 곁들여 차려진다. 또 이 반상에는 전골상이 곁상으로 들여진다. 7첩 반상은 나물, 회, 숙육, 쌈, 구이, 자반, 젓갈 해서 일곱 가지 찬이 오르며 5첩 반상은 나물, 숙육, 자반, 젓갈, 구이 해서 다섯 가지 찬이 오른다. 술상에는 마른 안주, 진 안주, 정과, 생실과, 초장, 김치가 놓이고 닙뫼상에는 전유어, 찜, 수란, 숙육, 장김치, 탕평채, 정과, 수정과, 생실과, 국수가 오른다.

온갖 음식 가운데 술을 으뜸으로 여기는 풍속은 조선시대에 이르러 정착된 것으로 알려져 있다. 어느 지방에서나와 마찬가지로 서울에서도 궁중이나 사대부 집안, 상민 할 것 없이 경사나 조사가 났을 때 또 명절에는 반드시 술을 빚고 안주를 마련하고 떡을 쪘다. 또 남주 북병(南酒北餠)이라는 말이 있는데 이것은 세도가들이 살던 북촌에서는 떡 빚는 솜씨가 좋았고 가난한 선비들이 살던 남촌에서는 술 빚는 솜씨가 좋았음을 이르는 말이라고 한다.

서울에 사는 사람들 중에는 왕족들과 교류하며 사는 이들이 많았다. 게다가 우리나라 궁중 혼인은 왕족끼리 하는 것이 아니라 궁중 바깥 사대부 집안과 하는 통혼이어서 왕족과 통혼한 집안에는 궁중 음식과 궁중 풍속이 흘러 들어오게 되었다. 그리하여 그것들이 자연히 서울 장안에 널리 퍼지게 되었다. 또 지방에서 질 좋은 물자가 모두 서울로 올라왔으니 여유 있는 사람들은 얼마든지 음식 솜씨를 뽐낼 수 있는 여건이 마련되어 있었던 것이다.

고명을 많이 쓰고 무엇이든 먹기 쉽게 다져서 다시 한 덩이로 조

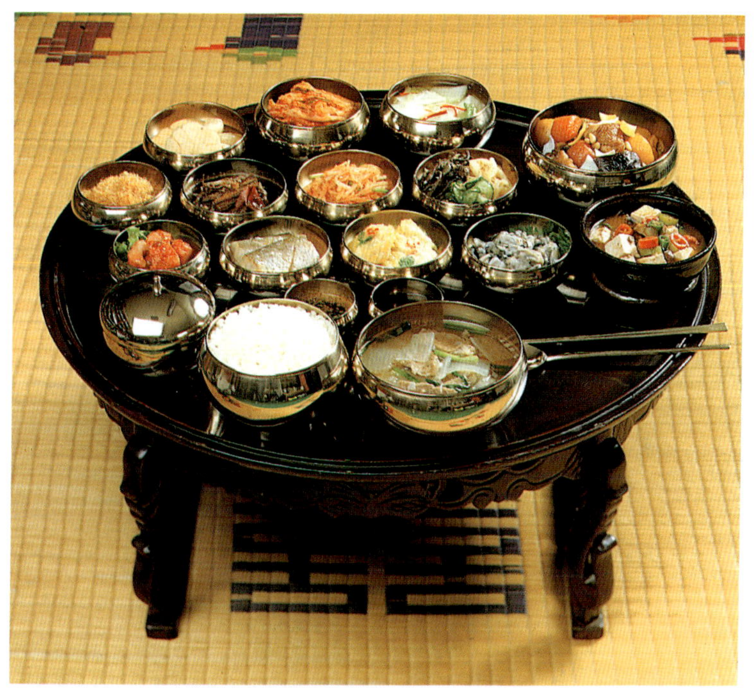

9첩 반상 차림 유기에 담은 9첩 반상 차림으로 반가에서는 제일 잘 차린 상차림이다. 유기는 추석부터 오월 단오까지 사용했다.

그맣게 빚는 것도 서울 음식의 한 특징으로 꼽을 수 있다. 그리하여 서울 음식은 모양이 매우 얌전할 뿐 아니라 입에 넣으면 사르르 녹도록 만들었다. 임금이나 왕족, 양반 웃어른들을 극진하게 모시려는 마음에서 그런 음식이 만들어진 듯하다.

신선로는 잔치 때 오르는 가장 호화로운 음식으로 궁중 음식이 반가에 전해진 것이다. 반가에서는 이것을 열구자탕이라고 하며 그 그릇을 두고 구자틀이라고 부른다. 화통이 달린 놋냄비에 숯불을 발갛게 지피고 갖은 어육과 채소, 잣, 호두, 은행을 넣고 끓여가며 먹는 운치 있는 음식이다.

궁중 음식 가운데 떡도 여러 종류가 반가에 전해졌다. 특히 두텁 떡은 찹쌀가루에 꿀소를 넣고 거피팥 고물을 볶은 것을 뿌린 뒤 쪄서 합에 담아 아랫목에 덮어 두어 굳지 않게 하여 먹는 떡이다. 찹쌀가루에 대추, 승검초, 석이버섯 가루를 각각 넣어 반죽하여 송편 모양으로 빚어 참기름에 지져 낸 단자도 궁중 떡이면서 서울 반가의 떡이 된 음식이다. 특히 궁중의 잔치(진연·진찬)에서 하사 받은 잔치 음식은 궁중 음식이 민가로 흡수되는 계기가 된 셈이다.

20 내지 30년 전만 해도 서울 사람들 집집마다에는 대청 마루에 놓인 뒤주 위에 백항아리들이 층층으로 올려져 있었다. 이제는 그 항아리들이 골동품 가게 한구석으로 쫓겨나게 되었다. 항아리뿐 아니라 옹기 장독, 맷돌, 떡살, 약과판, 떡판, 메, 절구, 키 등 찬방이나 광, 장독대에 두고 늘 쓰던 세간살이들이 집안에서 자취를 감추었으며 간혹 그런 물건이 눈에 띄더라도 그 물건이 어디에 놓여졌고 무엇에 쓰였던 것인지 모르는 수가 많다.

장광에는 바깥 주인이 마련한 일년 먹을 양식과 장이 치 있었다. 안주인은 저장 음식을 장만하여 찬광, 장광, 장독대에 차곡차곡 재워 놓았다. 우리나라 음식에는 그 자리에서 바로 만들어 내는 음식보다 미리 장만하였다가 내놓는 자반, 장아찌, 마른찬, 조림들이 더 많았다. 그러므로 시시철철 나오는 재료를 가지고 한 해를 두고 먹을 수 있도록 장만해 두어야 했다.

서울 사람 가운데 행세깨나 하는 집 사람들은 민어를 즐겨 먹었다. 복 중에 먹는 민어지짐이는 호박과 기름진 고기쪽을 넣어 얼큰하고 들큰하게 한솥 끓여 먹는 음식이다. 또 민어 말린 것을 암치라고 하는데(수컷 말린 것은 수치라고 한다) 등을 쭉 갈라 펴서 말린 뒤 소금을 털어 내고 솜털처럼 보풀려서 참기름을 찍어 먹는

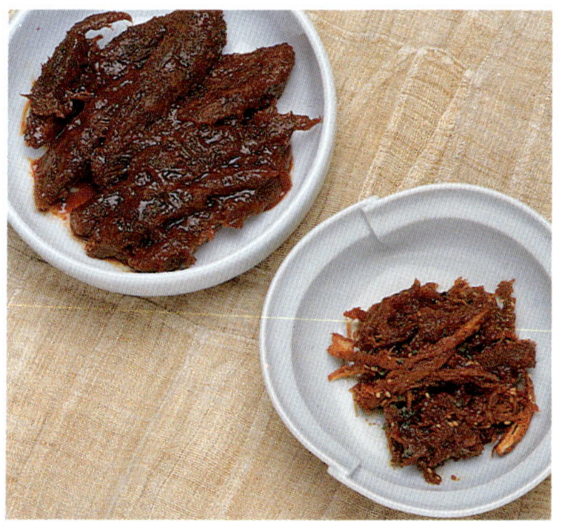

더덕장아찌 우리나라 음식에는 그 자리에서 바로 만들어 내는 음식보다 미리 장만하였다가 내놓는 자반, 장아찌, 마른찬, 조림들이 더 많았다.

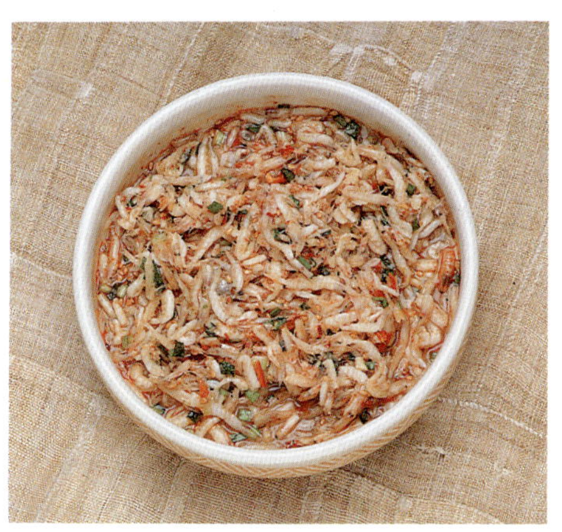

새우젓무침 새우젓은 김치를 담글 때에 없어서는 안 되는 재료지만 그대로 파, 마늘, 깨소금, 고춧가루를 넣어 밥상에 올릴 수도 있다.

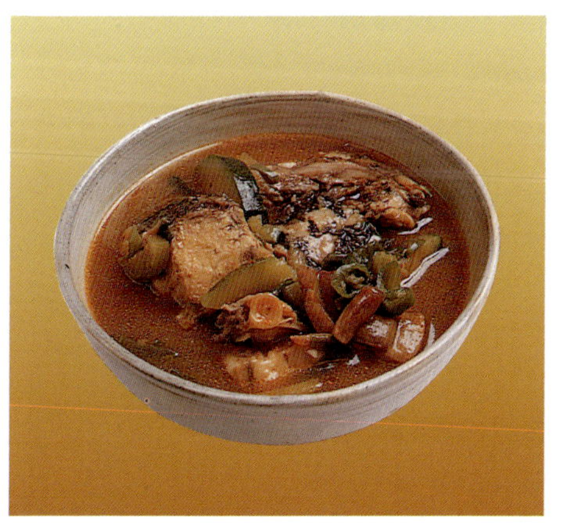

암치지짐이 민어 말린 것을 암치라고 하는데 암치 뼈를 뚝뚝 끊어 호박과 섞어 끓인 암치지짐이도 서울 음식에 든다.

암치보푸라기도 있다. 또 암치 뼈를 뚝뚝 끊어 호박과 섞어 끓인 암치지짐이도 서울 음식에 든다.

조치라는 음식은 서울에서 하던 조리법인데 조기, 계란, 명란, 게 알, 명태, 민어, 비웃, 게, 숭어가 재료가 된다. 우선 알조치는 달걀 푼 것에 새우젓국 간을 하고 파, 실고추를 얹어 뚜가리에 쪄낸 것으로 소화가 잘 되는 음식이라 노인이나 아이들에게 좋다. 또 9첩 반상에 오르는 맑은조치는 된장이나 고추장으로 간을 하지 않고 새우젓 간을 한다. 호박, 두부, 무, 굴 들을 넣어 삼삼하게 끓이면 된다. 또 김치를 담글 때에 새우젓이나 조기젓을 넣었는데 그렇게 담근 배추김치는 젓국지, 깍두기는 젓무라 불렀다. 그러나 새우젓은 그대로 파, 마늘, 깨소금, 고춧가루를 넣어 밥상에 올릴 수도 있다.

서울 양반가에서는 노인 상차림에 특히 유념했다. 아침 일찍 기침하는 노인에게 죽, 미음, 양집을 자리조반으로 올리는데 암치, 마른 대구, 북어포, 산포들을 폭신폭신하게 두드려 찬으로 내고 국물 김치나 동치미, 나박김치와 젓국찌개를 함께 냈다.

서울에서는 생선 위주 음식이든 채소 위주 음식이든 쇠고기를 다져서 섞어 내거나 그 국물로 맛을 내곤 하였다. 감칠맛을 내는 데에는 조미료가 없던 시절에 쇠고기만큼 좋은 재료가 없었다.

쇠고기로 만든 서울 음식 가운데 생일 같은 날에 해먹는 너비아니가 있다. 너비아니는 안심, 등심을 도톰하게 저며서 앞뒷면에 잔 칼질을 자근자근 내어 갖은 양념을 해서 석쇠 위에 올려 숯불에 구워 낸 것이다. 고기를 넓적하게 썰어 너비아니를 장만하는 것을 두고 '너비아니 뜬다'고 한다.

서울 반가 전통 음식을 잘 전해 놓은 책이 한 권 있다. 1938년에 나와 이제는 절판된 조자호 선생의 『조선 요리법』이 그 책인데 서울 음식 문화를 상세히 소개하고 있다. 음식 종류와 음식 곁들이는 법, 절기 음식, 상 보는 법, 상 드리고 받는 예의 범절까지 잘 소개하고 있다. 그 목차에 따라 잠깐 내용을 소개하고자 한다.

서울 음식의 고명으로는 지단, 완자, 미나리 지단, 파 지단, 모루기, 윤집, 겨자집, 초장, 초젓국이 소개되어 있다. 윤집은 초고추장이며 겨자집은 통겨자를 멥쌀과 함께 풀매에 갈아 초설탕, 소금으로 간한 것이다. 모루기는 동글게 만든 고기 완자를 부르는 말이다. 초젓국은 새우젓국에 식초와 고춧가루를 친 것으로 돼지고기를 찍어 먹는 것이다. 음식 맛은 간이 내는 것이므로 서울 사람들도 간장, 된장 맛을 잘 내려고 노력했다. 메주를 쑬 때부터 온 정성을 기울이는데 구시월에 햇콩을 푹 삶아 따끈한 온돌방에 띄워서 2월이 되면 간장을 담근다. 2월장이라야 소금도 적게 들고 맛도 덜 변하므로 서울 사람들은 거개가 2월장을 담갔다. 『조선 요리법』에는 2월장, 3월장, 무장, 담북장, 청국장, 합장이 소개되어 있다.

무장은 잔 메주덩이를 소금물에 불려 두었다가 동치미, 나박김치, 배, 차돌박이, 편육을 넣어 삭여 먹는 것을 이른다. 청국장은 볶은 콩을 삶아 더운 곳에 두어 진이 날 때까지 띄웠다가 마른 대구, 마른 전복, 양지머리, 사태, 대창, 뼈도가니, 무, 홀떼기, 간장을 넣고 끓이는 것으로 남쪽 지방의 집장과 비슷하나 특별한 음식이라 할 수 있겠다. 또 아예 고기나 어류를 넣어 끓여 두고 그대로 찬으로 쓰는 점에서 신김치를 넣고 부글부글 끓여 먹는 충청도식 청국장과는 다른 음식이다.

고추장은 찌개 끓일 것과 회나 윤집 만들 것의 두 가지로 나누어 담는데 찹쌀고추장을 으뜸으로 쳤다. 살림 잘하는 부인네들은 아침마다 장독대를 잘 다독거려 그 주위를 늘 말끔하게 간수하고 장

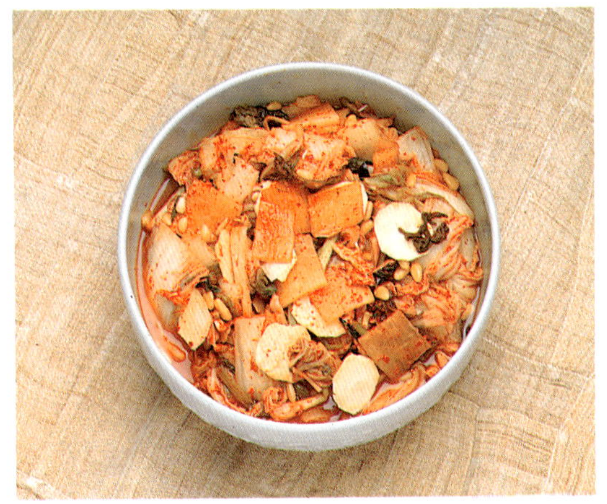

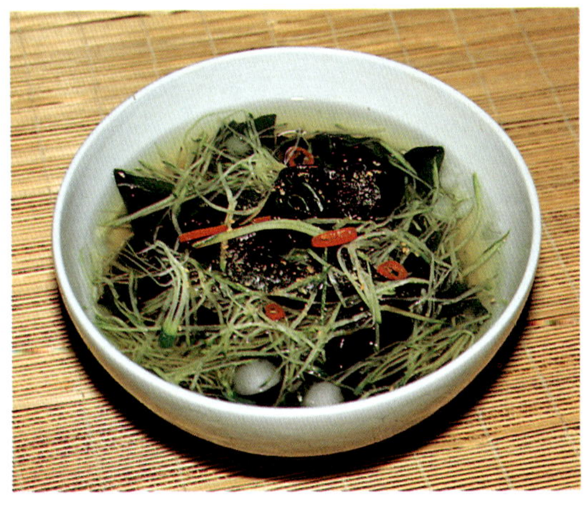

에 가시(구더기)가 생기지 않도록 하였다.

서울 김치로 꼽을 수 있는 것으로는 앞에서 말한 섞박지와 장김치가 있다. 섞박지는 궁중에서도 해 먹는 김치로 배추속대와 무를 알맞은 크기로 썰어 밤, 배, 생낙지, 조기젓, 미나리, 갓 들을 넣고 버무려 담는다. 서울 김장 김치로는 보김치, 통김치배추, 짠무김치, 동치미, 배추짠지 들이 있다.

술안주로 쓸 김치도 일부러 담그는데 『조선 요리법』에는 꿩김치, 겨자김치, 닭김치, 장김치, 나박김치, 생선김치들이 소개되어 있다. 꿩이나 닭, 생선은 처음부터 넣어 채소와 함께 익히는 것이 아니라 김치에 곁들여 내는 것이다. 닭김치는 닭 삶은 것과 시원한 열무김치를 한 그릇에 담고 김칫국과 닭국물을 섞어 차게 식혀 두었다가 부어 내는 것으로 여름철 술안주로 꼽히는 음식이었다. 장김치는 간장으로 간을 맞춘 것인데 궁중이나 서울 양반 집에서 설 음식으로 해먹었다. 생선김치는 무, 배추로 시원하게 국물김치를 만들어 조기나 다른 흰살 생선을 어채 하듯이 녹말을 묻혀 데쳐 내어 함께 담아 내는 것이다. 겨자김치는 통배추 데친 것에 양념채, 버섯채, 해삼, 전복을 켜켜로 넣고 겨자집을 고루 뿌려 익힌 것으로 가을철 술안주로 꼽히던 음식이었다.

창국은 서울 지방에서 냉국을 부르던 이름인데 차갑다는 뜻의 찬국에서 온 말인지 '화창할 창' 자를 쓴 창국인지 알 수 없다. 미역, 김, 오이, 파를 넣어 만든다.

『조선 요리법』의 음식 곁들이는 법에 보면 자반 접시와 장아찌 접시를 서로 어울리게 올리는 법이 나와 있다. 서울 음식에는 특히 한 접시에 한 가지 음식을 담아 내지 않고 다른 재료로 같은 조리법을 써서 한 음식을 빛깔을 맞추어 담아 내는 특징이 있다.

자반 접시에는 암치와 대구 가운데 한 가지와 오징어무침, 북어보푸라기 가운데 한 가지를 골라 담으며 약포, 대추편포, 고추장볶음도 같이 담는다. 가을부터 봄까지는 철유찬, 똑똑이자반, 장포가 곁들여지며 어란이 있으면 그것도 곁들인다. 장아찌 접시에는 가을에서 봄까지는 무숙장아찌를, 여름에는 오이장아찌를 써서 전복초, 홍합초, 장산적, 숙란을 같이 곁들여 담는다. 홍합초는 빠뜨릴 수 있으나 다른 것은 꼭 갖추어야 한다고 되어 있다.

『조선 요리법』에 자반·포류에는 약포, 편포, 대추편포, 산포, 어포, 전복쌈, 어란, 똑똑이자반, 철유찬, 북어무침, 오징어채무침, 대화무침, 굴비, 관묵, 북어포, 암치, 마른 대구, 고추장볶음을 소개해 놓았다. 쇠고기를 가지고 하는 편포도 넓게 펴서 말린 것, 대추 모양으로 말린 것, 다져서 말린 것 등 여러 종류가 있다.

또한 음력 10월부터 정월 사이에는 식혜, 수정과, 육회, 갖은누르미, 송편, 율란, 조란, 녹말편, 약식, 가리찜, 구자, 족태, 만두, 떡국, 관전자(꿩김치), 움파산적, 떡산적, 수란, 탕평채, 잡회, 강여주회, 재증병, 족편, 생치만두, 숭어찜, 청어선을 해먹는다고 되어 있다.

양력 2월, 3월에는 책면, 화면, 화전, 조기국수, 도미국수, 조기국,

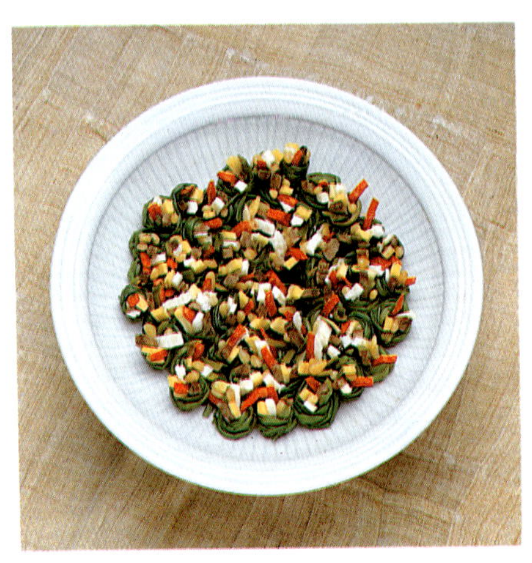
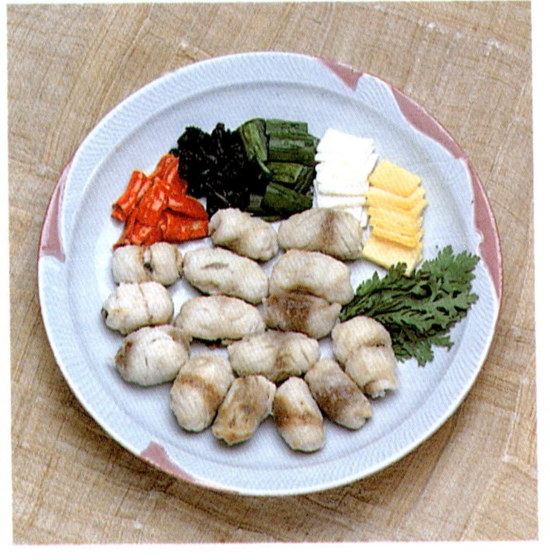

미나리강회(왼쪽)**와 어만두**(오른쪽) 미나리강회는 연한 미나리를 데쳐 편육과 지단을 섞어 만든 숙회로 양력 2, 3월에 만들어 먹었으며 어만두는 흰살 생선을 넓게 포를 떠서 소를 싸서 찌는 음식으로 여름철에 즐겨 먹었다.

도미회, 조기회, 도미찜, 개피떡, 미나리강회, 조개회, 굴회, 낙지회, 굴젓무, 갖은누르미, 가리찜, 탕평채, 수란, 비빔국수, 대하회, 대하찜, 갖은전골을 해먹는다고 했다.

4월, 5월에는 앵두 화채, 딸기 화채, 도미찜, 영계찜, 어채, 어만두, 어회, 증편, 개인절미, 보리수단, 준치국, 준치만두, 생선김치, 순채, 쑥갓전골, 공지회, 느티떡을 먹는다고 했다.

6월, 7월에는 증편, 깨인절미, 대추단자, 떡수단, 복분자 화채, 복숭아 화채, 원미흰죽, 초교탕, 닭김치, 닭찜, 어채, 어만두를 먹는다고 했다.

8월, 9월에는 만두, 구자, 약식, 배, 화채, 식혜, 갖은누르미, 육회, 조개젓무, 갖은전골, 가리찜, 율란, 조란, 생편, 녹말편, 동아선, 동아정과, 겨자김치, 배추찜, 물호박떡을 해먹는다고 되어 있다.

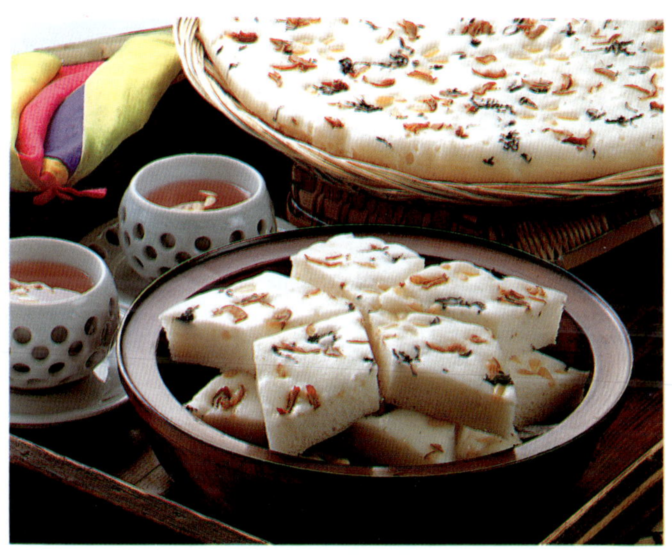

증편 여름철에 먹는 떡의 한 가지로 막걸리를 탄 더운 물에 멥쌀가루를 반죽하여 더운 방에 두었다가 부풀어오르면 틀에 담아 고명을 뿌려서 쪄 낸다.

반가 상차림

조자호 선생의 『조선 요리법』에 의해 상차림을 구분해 보면 미음상, 양집상, 자리조반상, 흰죽상, 원미상, 응이상, 반상(새신랑·새신부의 저녁상), 어른 생신상(아침상과 점심상) 등이 있다.

죽상(흰죽상)

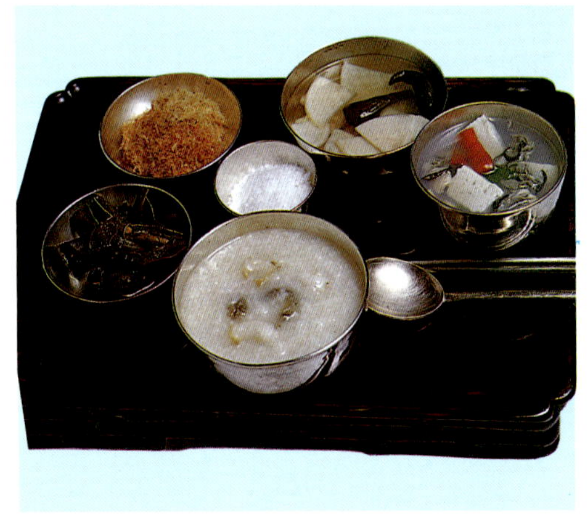

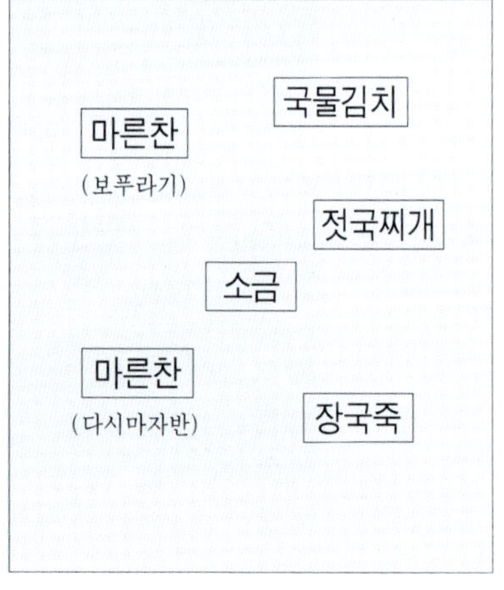

원미상(원미:멥쌀, 설탕, 얼음, 약소주)

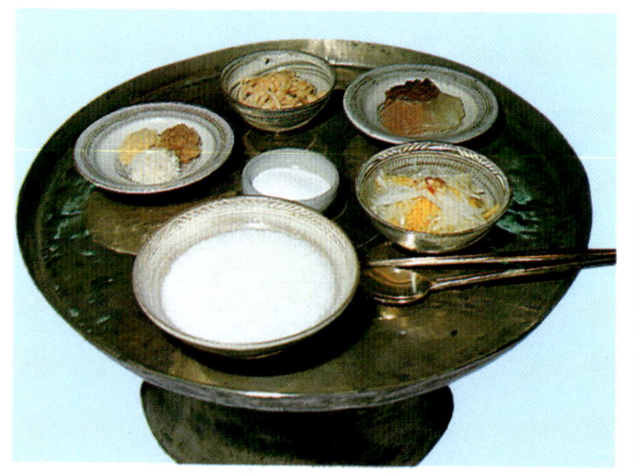

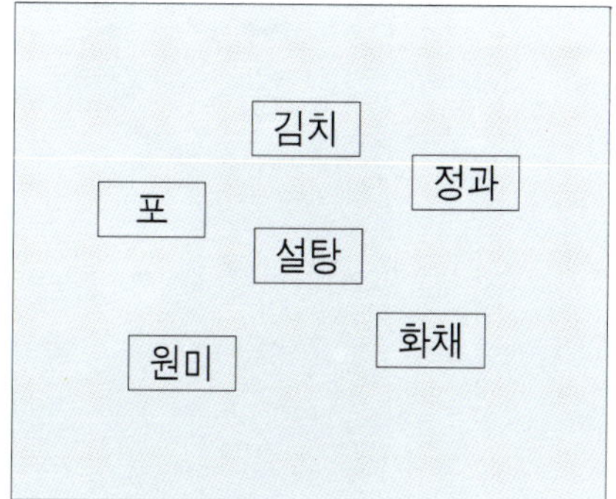

응이상

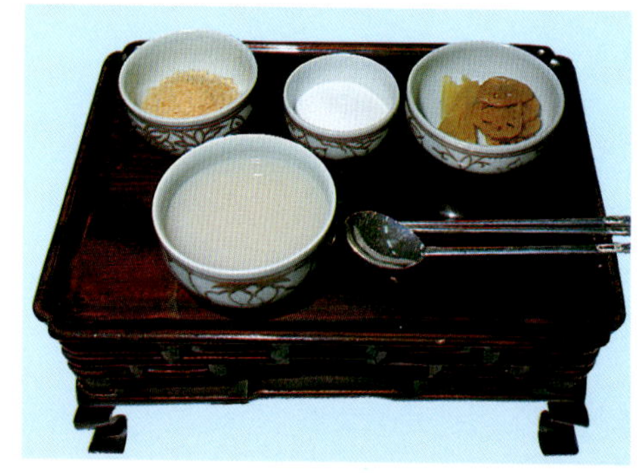

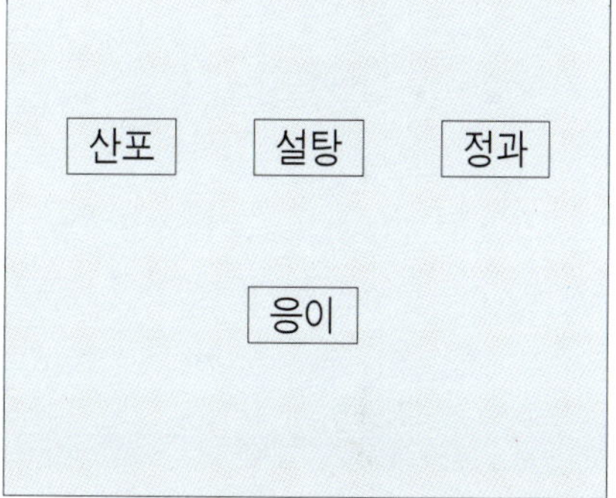

상차림

미음상

환자에게는 조미음, 생강집, 소금, 생간집을 넣어 만들어 주면 체하지 않는다.

<h1 align="center">미음상</h1>

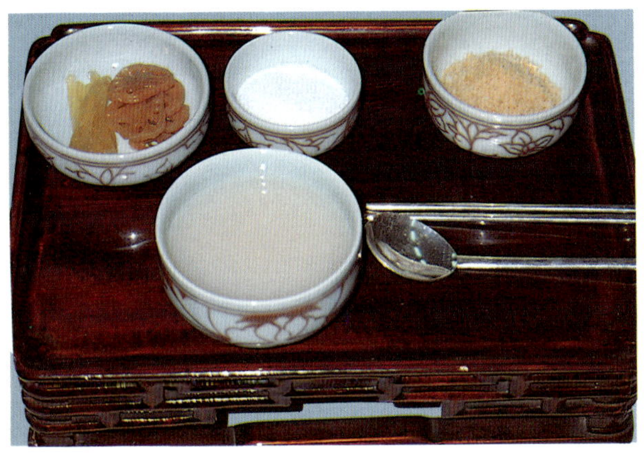

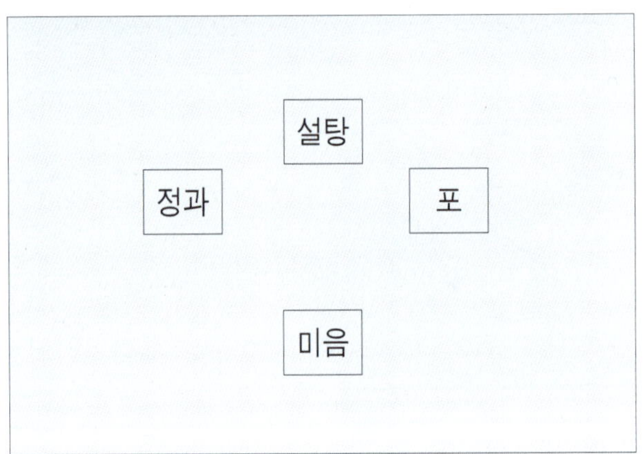

양집 상

양집, 소금, 동치미나 나박김치

자리조반상(初朝飯床)

미음, 양집, 국수장국(편육, 김치, 간장, 초장)

반상

밥 흰밥, 팥밥

국 미역국, 곰국

김치 햇김치, 햇깍두기   **조림** 생선조림

자반 암치나 건대구, 약포, 대추편포, 장포, 북어보푸라기, 오징어
　　　채, 고추장볶음, 철유찬, 똑똑이자반

장아찌 무숙장아찌, 장산적, 숙란, 전복초, 홍합초

나물 미나리, 무, 숙주, 콩나물, 고비, 도라지, 오이, 호박

더운구이 가리, 너비아니, 파산적(겨울)

찬구이 편육, 전유어, 족편, 김쌈   **젓갈** 새우젓, 소라젓, 명란젓

조치 고추장, 젓국찌개(양볶이)   **초장** 간장

반상

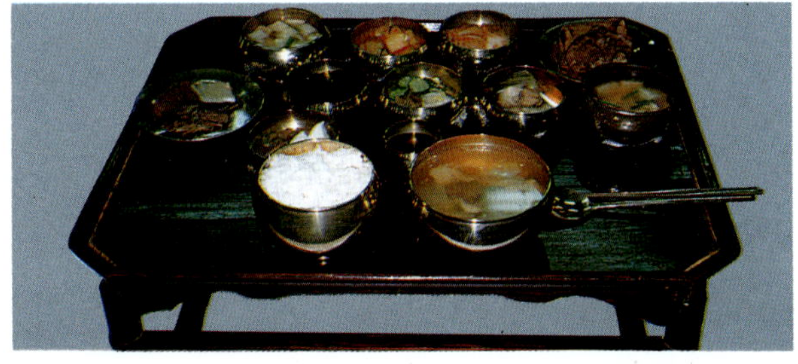

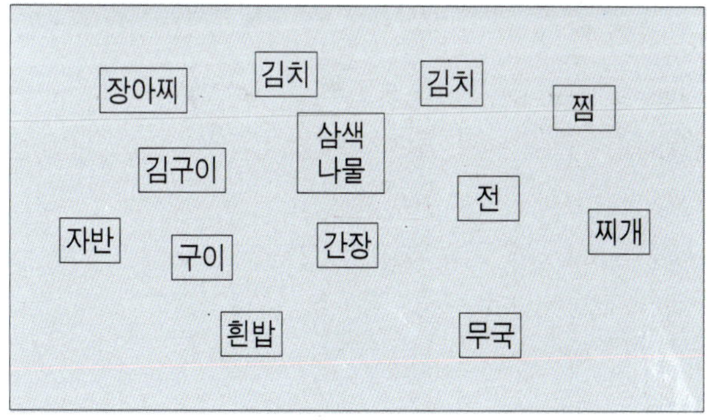

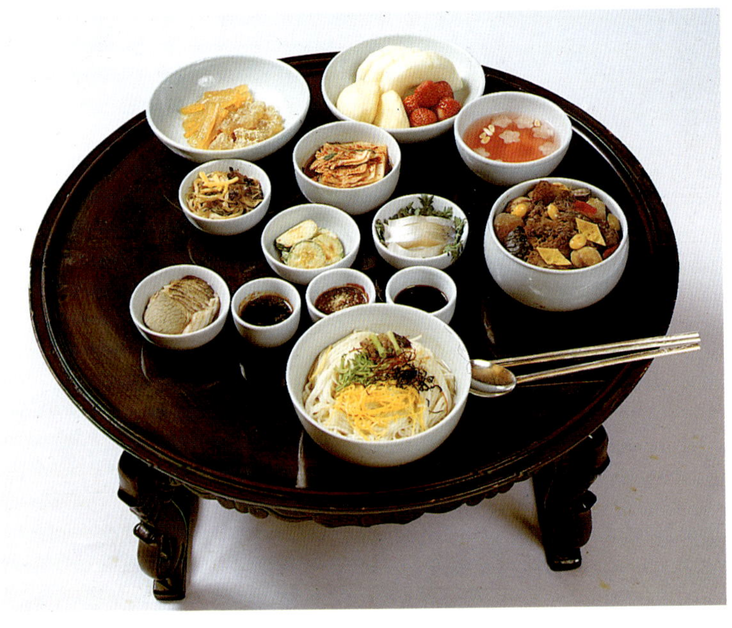

어른 생신상

● 아침상

국　곰국

김치　나박김치, 햇깍두기

나물　여러 가지 나물

구이　가리구이, 움파산적, 너비아니

자반　여러 가지 자반, 어란

장아찌　여러 가지 장아찌

조림　생선조림

조치　생선조치나 명란조치

김쌈

갖은전골

• 점심상

국수장국 만두

김치 장김치

찜 가리찜, 떡찜, 숭어찜, 구자

회 육회, 강요주회

간랍 편육, 갖은전유어, 족편, 수란, 누르미, 잡채

생실과 배, 사과, 생률, 준시, 귤

숙실과 녹말편, 생편, 율란, 조란, 갖은정과

편 갖은편, 웃기떡, 약식

화채 식혜, 수정과, 원소병

조리법

미역국

미역을 담갔다가 줄기는 뜯어 내고 잎은 잘지 않게 찢어 놓는다.
고기를 잘게 썰어서 간장, 후춧가루, 참기름으로 양념을 하고 물을
조금만 넣고 볶다가 남은 물을 붓고 끓인다. 파, 마늘은 안 넣는다.

곰국(1)

재료 양, 곤자소니, 씨앗가리, 홀떼기, 사태, 소가니, 무, 깨소금,
후추, 파, 마늘, 간장

조리법 양을 취하여 껍질은 벗기고 다른 국거리도 씻어 무와 함
께 솥에 넣고 푹 고아 젓가락이 힘 안 들이고 들어가면 건져 도톰
하게 썰어 갖은 양념을 해서 국물에 다시 넣고 끓인다.

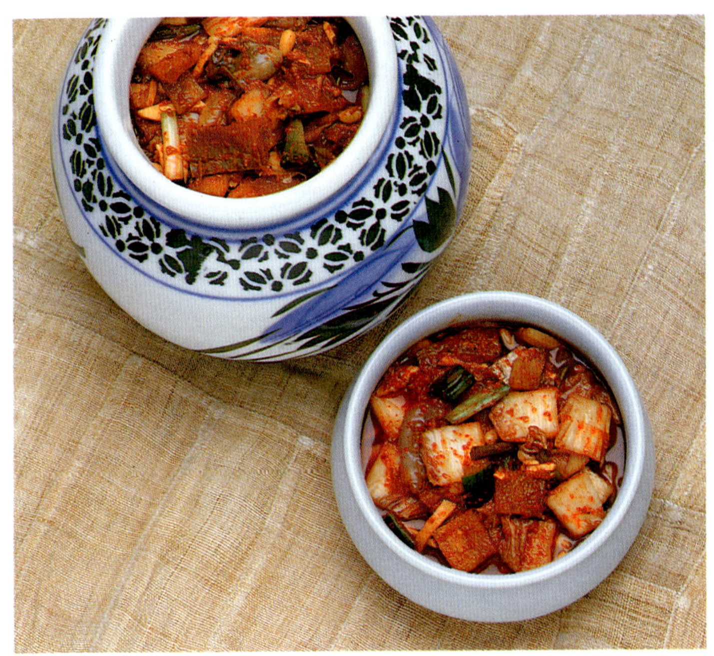

감동젓무 곤쟁이를 푹 삭혀 만든 감동젓을 재료로 만든 깍두기류의 김치이다.

곰국(2)

재료 곱창, 대창, 부아, 떡심, 사태, 흘떼기, 양, 무

조리법 모두 한솥에 넣어 무르게 끓인 뒤 건져서 썰어 양념해서 다시 넣고 끓인다.

나박김치

재료 무, 소금, 마늘, 생강, 파, 미나리

법 무를 야뭇야뭇하게 얇게 썰어 소금을 홀홀 뿌려 놓고 마늘, 생강, 파를 곱게 채치고 미나리는 줄기만 짧게 자른다. 무에 양념을 넣고 버무려 간을 보고 항아리에 담아 실고추를 조금 넣고 소금물을 붓고 설탕을 친다.

굴젓무

재료 배추, 무, 굴, 배, 미나리, 실고추, 파, 생강, 마늘, 새우젓, 고 춧가루, 설탕

조리법 배추 속대와 하얀 줄기를 납작납작하게 썰고 무도 같은 크기로 썰어 배추만 약간 절인다. 썰어 놓은 무에 고춧가루, 실고추 를 넣고 물을 들여 절여서 씻어 건진 배추를 넣고 고춧가루물을 들인다. 채친 양념과 다진 새우젓을 넣고 젓국도 넣어 간을 맞추고 배는 같은 치수로 썰어 넣고 국, 미나리를 넣고 섞어 버무리고 설 탕을 조금 넣고 버무려 꼭꼭 눌러 놓는다.

북어무침

재료 북어보푸라기, 간장, 파, 깨소금, 참기름, 설탕, 고춧가루

조리법 더덕북어를 폭신하게 두들겨 껍질을 벗기고 가시를 없애 실오리같이 찢어 두 손으로 비벼 보드랍게 한다. 파는 곱게 다져 넣고 갖은 양념을 해서 무친다.

오징어채

오징어채를 가위로 서너 번 잘라 번철에 기름을 두르고 바삭하게 볶아 간장, 설탕, 깨소금, 파 다진 것을 넣고 고춧가루를 약간 쳐서 무친다.

고추장볶음

재료 고추장 1대접, 참기름, 설탕, 실백

조리법 찹쌀고추장을 냄비에 기름을 두르고 설탕과 같이 섞어서 되직해질 때까지 볶는다. 실백을 같이 넣어 볶는다.

무숙장아찌

재료 무, 정육, 미나리, 실고추, 느타리, 진간장, 깨소금, 파, 마늘, 설탕, 참기름, 소금

조리법 무를 7푼 길이로 잘라 1푼 두께로 썰어 소금에 살짝 절여 꼭 짠다. 연한 살코기를 곱게 다져 갖은 양념을 해서 볶고 미나리는 짤막하게 썰고 느타리는 불려서 채를 친다. 절여진 무를 깨끗이 씻어 진간장을 끓이다가 넣고 볶은 고기와 느타리를 넣어 발그스름해지면 미나리를 넣고 실고추를 넣는다.

전복초

재료 전복 저민 것, 정육, 진간장, 설탕, 파, 마늘, 참기름

조리법 전복을 얇게 저며 물을 넉넉히 붓고 푹 끓여 물러지면 물을 따라 낸다. 진간장과 살코기를 조금만 다져 넣고 다진 파, 마늘을 넣어 뭉근하게 조린다. 설탕과 기름은 나중에 친다.

홍합초

재료 마른 홍합 20개, 진간장, 설탕, 파, 마늘, 참기름

조리법 홍합에 물을 넉넉히 붓고 푹 고아서 물을 따라 버리고 간장을 붓고 중불에서 가무스름하게 조린다. 다 되면 참기름, 다진 파, 마늘을 넣는다.

호박나물

호박을 네 쪽을 내어 속을 파서 얇게 썰어 소금에 절였다가 빨아서 여러 가지를 양념해서 기름에 볶는다. 고춧가루, 깨소금은 조금만 치고 쇠고기는 다져 넣기도 한다. 호박을 둥글게 썰어 새우젓국

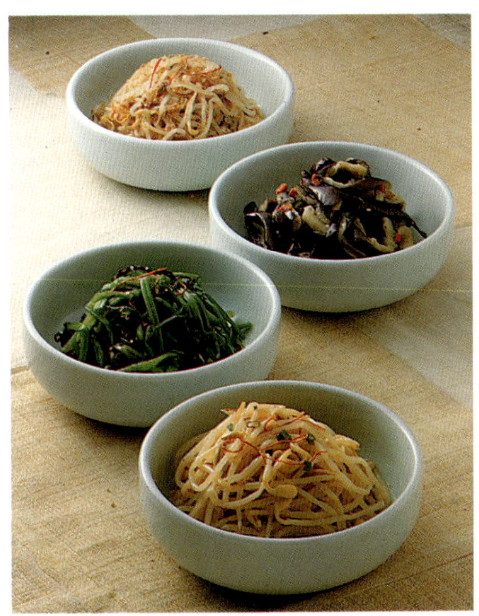

나물류 삶아서 무친 나물들로 숙주나물, 가지나물, 쑥갓나물, 콩나물이 있다.(사진 위로부터)

과 섞어 너무 세지 않은 불에 볶은 뒤 다진 파, 깨소금, 참기름을 알맞게 치고 고춧가루를 약간 친다. 전유어 지지듯 익혀 초장을 끼얹어도 된다.

숙주나물

숙주는 뿌리를 따고 삶아 찬물에 헹구어 파, 마늘을 다져 넣고 깨소금, 참기름을 치고 간장간을 맞추어 무친다. 고춧가루를 약간만 넣는다.

콩나물

뿌리를 따고 깨끗이 씻는다. 소금을 조금 쳐서 삶아 내어 간장, 파, 마늘, 참기름, 깨소금, 고춧가루를 넣어 무친다. 고기를 곱게 다져 넣기도 한다.

무나물

무를 가늘게 채쳐 간장과 다진 생강을 조금만 넣고 익힌 뒤 참기름, 깨소금, 파, 마늘을 다져 넣는다.

도라지나물

도라지를 한나절만 쌀뜨물에 담갔다가 삶아 이틀 정도 물을 자주 갈아 부으며 담그어 머리는 자르고 속을 빼고 잘게 찢는다. 먼저 기름에 충분히 볶은 뒤 파, 마늘을 다지고 간장을 치고 깨소금올 쳐서 무친다.

고비나물

고비는 미리 한나절 동안 쌀뜨물에 담갔다가 깨끗한 뜨물에 삶는다. 맑은 물에 담갔다가 머리끼리 추려 뻣뻣한 것은 잘라 버리고 알맞게 썰어 충분히 볶아서 간장, 다진 파, 마늘, 깨소금을 넣고 무친다.

가리구이

재료 갈비, 참기름, 마늘, 파, 후추, 깨소금, 설탕, 배, 진간장

조리법 연한 소가리(쇠갈비)를 토막을 내어 깨끗이 씻어 알맞게 잔칼집을 넣어 물에 한참 담가 핏물을 빼고 건져서 물기를 뺀다. 배를 강판에 갈아 갈비에 묻혀 놓았다가 한 개씩 두 손으로 눌러 짠 뒤 다진 파, 마늘 등 양념을 고루 해서 석쇠에 굽는다. 구울 때 너무 센 불에 구우면 겉만 타게 되므로 알맞게 굽고 잣가루를 뿌려 준다.

파산적

쇠고기를 살코기로만 도톰하게 저며 썰고 파는 같은 길이로 썰어 갖은 양념을 해서 대꼬치에 섞바꾸어 끼워서 굽는다.

산포

고기를 보통 약포보다 도톰하게 떠서 소금, 후춧가루를 치고 주물러 체에 펴 말린다. 말린 것을 망치로 폭신하게 두들겨 납작납작 썰어 간장에 찍어 먹는다.

암치(민어 말린 것)

포를 물에 넣고 씻어 꾸득하게 말려 납작납작 손 너비만하게 얇게 저며 참기름을 찍어 먹는다.

건대구

물에 담가 솔로 씻어 볕에 놓아 꾸득하게 마르면 저며 썰고 참기름을 찍어 먹는다.

속미음

재료 인삼 3뿌리, 황률 30개, 대추 30개, 청정미(차조) 한 수저, 물 6사발, 설탕

조리법 재료를 모두 넣고 불을 약하게 하여 조려서 체에 걸러 설탕을 타서 마신다.

대추미음

재료 대추 한 컵, 청정미 반 공기, 황률 1컵, 설탕

조리법 재료를 한데 모아 물을 넉넉히 붓고 뭉근해질 때까지 오랫동안 곤다. 건더기가 흐물흐물해지면 체에 밭여 설탕을 타서 마신다.

양집

재료 양(소의 밥통) 반근, 쇠고기 조금, 잣, 파, 마늘, 소금

조리법 아주 나른하게 양을 다진 뒤 파, 마늘을 다져 조금 넣고 후춧가루와 소금을 치고 연한 쇠고기를 다져 한데 섞어 양념해서 볶고 실백 으깬 것과 합하여 베헝겊에 비틀어 짠다. 소금 간을 하여 먹는다.

대하무침

재료 마른 대하 보풀른 것 1대접, 참기름, 설탕, 소금

조리법 마른 대하를 껍질을 벗겨 물행주로 축였다가 망치로 두들겨 솜처럼 펴서 참기름, 설탕, 소금을 넣고 간 맞추어 무친다.

장산적

재료 쇠고기 1근, 진간장 한 공기 칠홉, 설탕 칠홉, 파 1개, 후춧가루, 깨소금, 참기름

조리법 고기를 힘줄 안 섞이게 곱게 다져서 갖은 양념을 한다. 얄팍하게 조각을 만들어 구워서 납작납작하게 썰어 알맞은 냄비에 담고 진간장에 설탕을 타서 붓고 조린다. 너무 바짝 조리지 않는다.

원미

재료 멥쌀, 설탕, 얼음, 약소주

조리법 멥쌀을 깨끗이 씻어 건져 말렸다가 반씩 쪼개어 홑체로 가루를 쳐버리고 먼저 싸라기만 물에 끓인다. 보통 죽보다 되직하게 쑤어 찬물에 식힌 뒤 먹을 만큼만 덜어 소주를 조금 타고 얼음을 잘게 깨쳐 넣고 먹는다.

흰죽
재료 멥쌀 2홉, 참기름 칠홉 종지, 장산적, 소금

조리법 멥쌀을 맑은 물이 나도록 씻어 불려 분마기에 담고 참기름 두어 방울을 넣는다. 물을 조금 붓고 방망이로 갈아 고운 체에 밭여 놓기를 여러 번 한다. 쌀알을 먼저 끓이다가 퍼지면 받아 놓은 쌀물을 붓고 젓는다. 다 되면 소금을 넣어 간을 맞추고 찬물에 채워 식힌다. 짭짤하게 장산적을 만들고 장물을 넉넉히 해서 같이 낸다.

생선조림(병어)
재료 병어, 진간장, 쇠고기, 설탕, 참기름, 깨소금, 실고추, 파

조리법 병어를 같은 크기로 토막을 내고 쇠고기를 잘게 다져 생강 다진 것, 파채, 진간장 등 양념을 한데 섞어 생선 위에 끼얹으며 안친다. 장물을 계속 끼얹으며 바특하게 조린다.

약포
재료 우둔, 진간장, 설탕, 참기름, 후춧가루, 잣가루

조리법 고기를 기름이 섞이지 않게 주의하여 얇게 저며 잣가루를 뺀 나머지 양념을 넣고 무쳐 채반에 쭉 펴 놓는다. 잣가루를 고루 뿌려 꾸득하게 말린다.

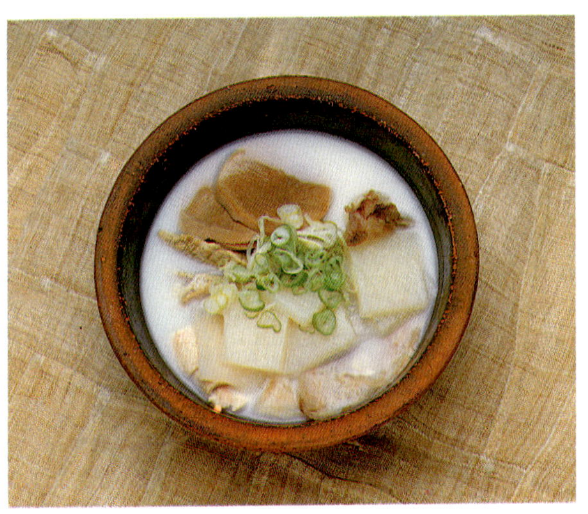

설렁탕 쇠머리, 쇠족, 사골, 도가니를 푹 고아 우려낸 물에 양지머리와 사태를 편육으로 썰어 건지로 넣고 소금 간을 해서 먹는 진미의 탕이다.

철유찬

재료 쇠고기, 간장, 후춧가루, 설탕, 참기름, 파, 마늘

조리법 연한 살코기를 곱게 다져 갖은 양념을 해서 냄비에 볶은 다음 다시 곱게 다진다. 다시 간장 양념을 하여 자박하게 끓인다.

설렁탕

재료 쇠머리, 쇠족, 사골, 도가니, 사태, 양지머리, 물, 파, 마늘, 생강, 흰파, 소금, 고춧가루, 후춧가루

조리법 쇠머리, 쇠족, 사골, 도가니는 토막 낸 것으로 준비한다. 깨끗이 씻어 찬물에 1시간 정도 담그어 핏물을 빼서 건진다. 사태나 양지머리 등 국거리 고기는 덩어리째 씻어서 건진다. 큰 솥에 분량의 물을 붓고 쇠머리, 쇠족, 사골, 도가니 등 뼈가 붙은 고기들을 넣어 끓인다. 끓어오르면 불을 약하게 하고 위에 떠오르는 기름

과 거품을 걷어 낸다. 끓이는 도중에 파와 생강, 마늘을 크게 썰어 함께 넣으면 고기의 누린내를 없애 준다. 고기가 반 정도 무르게 되고 국물이 우러나면 양지머리와 사태를 덩어리째 넣어 고기가 충분히 무르게 익을 때까지 중불보다 약한 불에서 서서히 끓인다.

국이 충분히 고아져서 맛이 들면 건져 내고 국물은 식혀서 기름을 걷어 낸다. 뼈에 붙어 있는 고기는 발라내고 양지머리와 사태 고기는 건져서 얇게 편육처럼 썬다. 따뜻하게 덥힌 대접에 편육을 담고 국물은 간을 맞추지 않고 다시 끓여서 담는다. 잘게 썬 파와 소금, 후춧가루, 고춧가루는 따로 곁들여 내면 각자가 기호에 따라서 넣어 먹도록 한다.

갈비탕

재료 쇠갈비(국거리), 무, 물, 파, 마늘, 달걀, 소금

청장 양념―청장, 소금, 파, 마늘, 참기름, 후춧가루

조리법 쇠갈비는 폭을 4 내지 5센티미터로 토막을 내어 찬물에 담그어 핏물을 빼서 건진다. 두꺼운 솥이나 냄비에 물을 부어 펄펄 끓으면 갈비를 넣어 센 불에서 끓인다. 국이 펄펄 끓어오르면 불을 약하게 줄이고 3시간 정도 고기가 무를 때까지 서서히 끓인다. 끓이는 도중에 무를 반으로 갈라서 넣고 파와 마늘을 크게 썰어서 넣는다. 끓이는 도중에 위에 뜨는 기름과 거품은 걷어 낸다. 고기와 무가 무르면 그릇에 건져 내고 국물은 식혀서 위에 뜨는 기름을 제거한다.

갈비는 먹기 좋게 잔칼집을 넣고 무는 폭 2.5센티미터, 길이 4센티미터 정도의 크기로 납작하게 썰어 청장 양념으로 각각 고루 무친다. 달걀은 황백으로 나누어 소금을 약간 넣고 잘 풀어서 지단을

얇게 부처 한 면이 2센티미터 완자형으로 썬다. 국물을 다시 불에 올려 펄펄 끓이다가 양념한 갈비와 무를 넣고 끓인다. 맛을 보아 간이 부족하면 청장이나 소금으로 간을 한다.

곰탕

재료　쇠갈비(탕거리), 양지머리, 양, 곱창, 곤자소니(소창자 끝 기름기 많은 부분), 물, 무, 파, 마늘, 청장, 소금

조리법　양, 곱창, 곤자소니는 소금을 뿌리고 주물러서 깨끗이 씻는다. 양은 끓는 물에 잠깐 넣었다가 건져 내어 검은 막을 칼로 긁어서 안쪽의 막과 기름 덩어리는 떼어 낸다. 쇠갈비와 양지머리는 찬물에 담그어 핏물을 빼고 건진다. 두꺼운 솥이나 냄비에 물을 부어 펄펄 끓으면 국거리용 고기를 모두 넣어 센 불에서 끓인다.

국이 다시 끓어오르면 불을 줄이고 3 내지 4시간 정도 고기가 무를 때까지 서서히 끓인다. 도중에 무를 반으로 갈라서 넣고 파와 마늘은 크게 썰어 함께 넣고, 위에 뜨는 기름과 거품은 말끔히 걷어 낸다. 고기와 무가 무르면 그릇에 건져 내고 국물은 식혀서 위에 뜨는 기름을 제거한다. 고기는 한입에 먹기 알맞게 납작납작하게 썰고 무는 폭 2.5센티미터, 길이 4센티미터 정도의 크기로 납작하게 썰어 청장 양념으로 고루 무친다. 국물을 다시 불에 올려 펄펄 끓이다가 양념한 고기와 무를 넣고 끓인다. 청장이나 소금으로 간을 맞추고 맛이 어우러지게 끓여 대접에 담는다.

참고 문헌

『이조 궁정요리 통고』, 학총사, 1957.

『한국음식대백과 사전』, 황혜성, 삼중당, 1976.

『한국음식』, 황혜성, 민서출판사, 1980.

『전통 음식』, 한복진, 대원사, 1989.

『떡과 과자』, 한복려, 대원사, 1989.

『명절 음식』, 한복선, 대원사, 1990.

『조선왕조 궁중음식』, 황혜성, 궁중음식연구원, 1994.

『한국의 전통음식』, 황혜성 외, 교문사, 1991.

『한국요리문화사』, 이성우, 교문사, 1985.

『한국식경대전』, 이성우, 향문사, 1981.

『한국음식오천년』, 이성우 외 33인, 유림문화사, 1988.

『한국민속종합조사보고서(향토음식편)』, 문화재관리국, 1984.

『낙선재 주변』, 김명길, 중앙일보, 1977.

『조선요리제법』, 방신영, 청구문화사, 1952.

『조선요리법』, 조자호, 광한서림, 1935.

『이규숙의 한평생』, 뿌리깊은나무.

『한상숙의 한평생』, 뿌리깊은나무.

『한국의 발견(서울편)』, 뿌리깊은나무, 1983.

빛깔있는 책들 201-8

궁중음식과 서울음식

글	—한복려
사진	—한복려
발행인	—장세우
발행처	—주식회사 대원사
편집	—이승은, 최명지
미술	—손승현
전산사식	—이규헌, 육세림
총무	—정만성, 정광진, 우복희
영업	—이상갑, 조용균, 강성철, 박은식, 김수영, 홍의식, 이수일
이사	—이명훈

첫판 1쇄 —1995년 5월 10일 발행
첫판 6쇄 —2007년 6월 30일 발행

주식회사 대원사
우편번호/140-901
서울 용산구 후암동 358-17
전화번호/(02) 757-6717~9
팩시밀리/(02) 775-8043
등록번호/제 3-191호
http://www.daewonsa.co.kr

이 책에 실린 글과 그림은, 저자와 주
식회사 대원사의 동의가 없이는 아무
도 이용하실 수 없습니다.

잘못된 책은 책방에서 바꿔 드립니다.

값 13,000원

Daewonsa Publishing Co., Ltd.
Printed in Korea(1995)

ISBN 89-369-0166-4 00590